INSTITUTE FOR
Sustainable
Communities
可持续发展社区协会

城市碳排放达峰路线图及行动计划模块化设计指南

Guidebook for the Module Design of City GHG Emissions Peaking Roadmap & Action Plan（CEPRA）

可持续发展社区协会（ISC）

潘 涛 曹晓静 耿 宇 等 编著

U0252118

中国环境出版集团·北京

图书在版编目（CIP）数据

城市碳排放达峰路线图及行动计划模块化设计指南/
潘涛等编著. —北京：中国环境出版集团，2019.5（2021.3 重印）
ISBN 978-7-5111-3958-0

Ⅰ．①城… Ⅱ．①潘… Ⅲ．①城市—二氧化碳—排气—
研究—中国 Ⅳ．①X511

中国版本图书馆 CIP 数据核字（2019）第 072005 号

出 版 人　武德凯
责任编辑　殷玉婷　刘　焱
责任校对　任　丽
封面设计　岳　帅

出版发行　中国环境出版集团
　　　　　（100062　北京市东城区广渠门内大街 16 号）
　　　　　网　　　址：http://www.cesp.com.cn
　　　　　电子邮箱：bjgl@cesp.com.cn
　　　　　联系电话：010-67112765（编辑管理部）
　　　　　发行热线：010-67125803，010-67113405（传真）
印　　刷　北京市联华印刷厂
经　　销　各地新华书店
版　　次　2019 年 5 月第 1 版
印　　次　2021 年 3 月第 2 次印刷
开　　本　787×960　1/16
印　　张　10
字　　数　160 千字
定　　价　39.00 元

中国环境出版集团郑重承诺：
中国环境出版集团合作的印刷单位、材料单位均具有中国环境标志产品认证；
中国环境出版集团所有图书"禁塑"。

前言

中国政府着力进行高质低碳发展，承诺中国将在 2030 年左右二氧化碳（CO_2）排放达到峰值，并努力尽早达峰。国家的峰值目标是在碳强度下降目标的基础上，对碳排放总量提出了新的要求。城市在达峰过程中扮演决定性作用，达峰是城市低碳转型从量变到质变的转折点。截至 2017 年 1 月，承诺达峰的国家低碳试点城市已经超过 80 个。从正式提出达峰概念至今不到 5 年时间，达峰路线图设计研究尚处于开始阶段，城市的峰值路径是对政策制定者和研究人员提出的新挑战，面临一些不确定因素，主要包括：

（1）城市达峰目标往往缺乏翔实的科学依据支撑，排放趋势预测过程过于简单，倒逼目标较难形成共识，部门目标分解难度大，不利于统筹工作开展；

（2）城市达峰目标和项目支撑往往存在"两张皮"的现象，行动方案中的项目实施往往不足以支撑达峰目标的实现，缺乏目标和项目减排之间的量化贡献关系，不利于目标实现进度的监测和动态调整；

（3）项目减排和经济性分析是低碳城市建设的重要决策依据，目前城市达峰行动方案碳经济分析通常比较薄弱，存在"最后一公里[①]"的实施短板。

本书的目的是解决上述痛点问题。通过分享城市碳排放达峰研究案例成果，提炼碳排放达峰路线图设计方法、步骤、成果，促进碳排放达峰路线图设计成为城市开发低碳战略和实施方案的必备工具，推动城市大规模的低碳达峰行动。

由于编者的水平有限，因此本书内容不足和错误之处在所难免，欢迎批评指正。

---

① 公里，千米的俗称，1 公里=1 000 米。

内容简介

INSTITUTE FOR
Sustainable
Communities
可持续发展社区协会

在国家 2030 年碳排放达峰和总量控制的大趋势下，低碳城市规划需要有清晰的达峰目标和路径作为指导依据。在规划研究中，有两类核心问题需要科学解答：

①能否率先达峰？达峰总量是多少？

②如何达峰？实现达峰目标和关键指标的成本收益是多少？

本书是基于湖南省长沙市和湘潭市碳排放达峰路线图研究进行的提炼开发，目的是与同行分享基于实例的碳排放达峰路线图设计方法、步骤和成果，帮助城市制定达峰路线图，促进低碳城市建设目标指标的设计与落实，达到"科学、动态、长效"的现代化城市管理要求。

本书分为 3 个模块（图 1），其中模块一是碳排放清单，主要功能是量化基准、现状对标和找准短板；模块二是达峰情景模拟，主要功能是排放趋势模拟、达峰总量预测和路线图目标分解；模块三是达峰投资分析，主要功能是达峰措施成本收益分析和重点项目碳经济性分析。

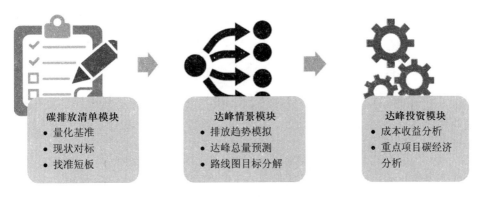

图 1　达峰路线图模块化设计示意

3 个模块分别围绕碳排放清单数据分析、达峰路径模拟、投资效益估算等一系列实际操作问题展开细分研究梳理，并提供相应回答（图 2）。

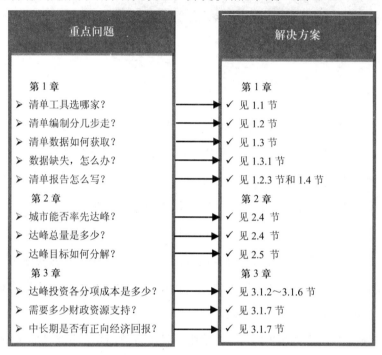

图 2　提出待解决问题与解决方案指引

本书将城市碳排放达峰路线图及行动方案的主体框架概括为：五表四图。

"五表"是指：城市碳排放报告表（表 1.4）、达峰模拟参数设置表（表 2.5）、达峰目标和指标一览表（表 2.9）、达峰措施成本收益一览表（表 3.8）、达峰重点项目（集群）碳经济性排序表（表 3.10 和表 3.11）；

"四图"是指：城市碳排放特征图（图 1.8）、城市碳排放情景模拟图（图 2.5）、达峰路线图行动减排图（图 2.12）、达峰重点项目（集群）碳经济图（图 3.2 和图 3.3）。

本书特色和创新点主要体现在以下 4 个方面。

（1）模块开发基于案例，以促进行动为导向，着重使用。

（2）清单模块针对城市普遍存在的数据缺失问题提出了有效解决方案。温室气体清单报告呈现不仅涵盖常规摸家底功能，而且可供城市间对标和场景对照使用，找准城市发展短板，为达峰行动计划提供有价值的线索。

（3）达峰情景模块从规划解构、模型构建、参数预设、趋势模拟、目标分解、指标提取等关键环节一条龙设计，帮助路线图设计者系统了解方法和工具，动态模拟达峰路径，提供各部门任务分解的指标依据。

（4）达峰投资模块从达峰关键领域的成本效益分析方法入手，清晰呈现低碳与经济增长的关系，低碳如何带动产业发展，并通过碳经济性分析帮助城市筛选重点投资项目。

城市可根据碳排放清单基准线和达峰情景模拟成果，设定积极的达峰目标和指标，并采取行动落实路线图。第一，要抓住达峰路径目标管理体系的"牛鼻子"，倒逼形成责任追溯机制，促使各部门合力推进达峰行动；第二，努力通过低碳产业发展、能源和产业结构调整、能效提升和绿色基础设施布局，引导社会资本投入，促进低碳经济高质量发展；第三，政府要确保财政投入低碳民生工程建设，实现低碳普惠目标。

以研究城市为例，达峰目标的实现带来的社会成本节省和直接经济年效益将达到财政收入的10%左右，占新增财政收入的"半壁江山"。整体达峰投资回报期13～15年，具有稳定的经济回报并长期可持续。建议城市设立生态文明专项资金，做好低碳城市、循环经济、生态城市、海绵城市、公交都市、新能源示范等国家品牌项目落地的政策研究、项目规划、引导资金，撬动30～50倍的社会资本投入生态文明和低碳城市建设。

中国作为世界第一大排放大国和第二大经济大国，必须通过城市大规模可复制的应对气候变化行动和低碳项目集群落地，来实现2030年国家高质量达峰目标，为《巴黎协定》"1.5℃目标"做出贡献。

Executive Summary

Based on China's commitment to achieve carbon emissions peaking by 2030 and the total emission control mechanisms trends taking place in China, we maintain that city-based low carbon transformation requires a clear peaking target and pathway to serve as the guidance and basis for target-based climate action. However, before establishing a climate action roadmap for low-carbon transformation, two series of questions need to be answered:

1. Can a city achieve their emission peaking earlier than 2030? What is a city's estimated total emissions amount at their carbon peaking scenario?

2. What are the pathways for emission peaking? What are the key milestones for peaking? What are the costs and benefits for reaching these milestones?

This Guidebook is formulated based on the study of Changsha and Xiangtan Cities' GHG Emissions Peaking Roadmap and Action plan（CEPRA）. It aims to share their roadmap and action plan design methods, implementation steps, and the results of reaching their carbon emission peak with specific case studies in order to help city administrators to formulate their own carbon peaking roadmaps and manage their implementation of target-oriented climate action.

CEPRA design guide includes three modules（see Figure 1）. Module I- Carbon Inventory explains how to make a city-level GHG inventory with a focus on defining a baseline, benchmarking, and creating a problem shooting mechanism for the next steps of planning. Module II-Peaking Scenario showcases how to create a peaking scenario through emission simulations, estimation of total peaking amount, and target breakdown and allocation. Module III-Peaking Investment demonstrates how to make investment analyses, including a cost-benefit analysis for sectoral climate action, and a project-based carbon economy analysis. Together, the three modules provide answers to some frequently asked questions related to carbon inventories, peaking pathways, and climate investment.

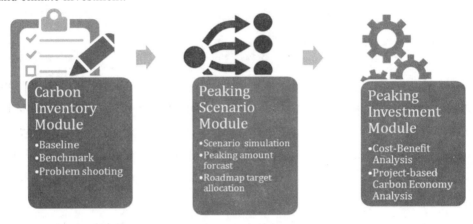

Figure 1　City GHG Emissions Peaking Roadmap and Action Plan（CEPRA）

Module Design Scheme

The major characteristics and features of CEPRA are outlined below:

（1）The modules are developed based on comprehensive case studies, focusing on practical application and action-oriented plan.

（2）The Carbon Inventory Module offers useful solutions to the common problem of lack of data in most Chinese cities. Creating a GHG Inventory not only provides emission baseline information, but it can also be used for inter-city benchmarking and comparisons, to identify the problems in city development, and to provide foundation for making climate action plan.

（3）The Peaking Scenario Module streamlines the 6 key working steps: 1） data extraction from current City Master Plan, 2） model structuring, 3） setting up modeling parameters, 4） model simulation, 5） target allocation, and 6） formulation of action indicator system. The plan makers and policy makers following those steps will be able to be more efficient to use methods and tools, and understand the process dynamics better.

（4）The Peaking Investment Module demonstrates the correlationship of low carbon actions and growing economy. It helps cities prioritize key low carbon projects based on carbon economy methodologies.

In order to ensure the successful implementation of their roadmap and action plan, cities should:

A. Establish a Key Performance Indicator（KPI）management system as part of the cities administration department and according to the roadmap's target allocations;

B. Promote Public Private Partnerships（PPP）for low carbon infrastructure development projects, and provide incentives to attract responsible investments;

C. Invest on the projects with limited commercial returns but good for social well-being and inclusion, such as promoting clean energy access in rural areas, affordable housing retrofits, E-buses, etc.

Using the studied city as an example, if achieving its peak target by 2025, the annual cost savings and direct economic benefits for the city will be equivalent to about 10% of the city's total fiscal revenue, as well as 50% of their future new add-up fiscal revenue. The return period of the peak investment will be varied from 13~15 years with a long-term sound payback. It is suggested that cities should set up a special fund under the big umbrella of Ecological Civilization and invest in the planning, project preparation, and incentives to leverage 30~50 times of responsible investments for the action categories, such as low carbon city, circular economy, eco-city, sponge city, pro-public transit city, and new energy city, etc.

Only by scaling up climate actions at the city level, can China achieve its 2030 carbon emission peaking commitment, while also making significant contributions to achieve the Paris Agreement's aspiration for a 1.5-degree world.

APPC：Alliance of Peaking Pioneer Cities of China，中国达峰先锋城市联盟

CH_4：Methane，甲烷

CO_2：Carbon dioxide，二氧化碳

CO_2e：Carbon dioxide equivalent，二氧化碳当量

CGE：Computable General Equilibrium，一般均衡模型

GPC：Global Protocol for Community-Scale Greenhouse Gas Emission Inventories，城市温室气体核算国际标准

GJ：J 即焦耳，热量的公制单位；$1 GJ=10^9 J$

GWP：Global Warming Potential，全球增温潜势

HFCs：Hydrofluorocarbons，氢氟碳化物

HILCC：Inovative Low Carbon Center, Hunan，湖南联创低碳经济发展中心

IPAC：中国能源环境综合政策评价模型

IPCC：Intergovernmental Panel on Climate Change，联合国政府间气候变化专门委员会

ISC：Institute for Sustainable Communities，可持续发展社区协会

ISEE：Institute for Sustainable Environment and Energy，上海环球可持续环境能源咨询研究中心

kW·h：千瓦·时，1 kW·h=1 度电

LEAP：Long-range Energy Alternatives Planning，长期能源替代规划系统

m^2：面积单位，平方米

m^3：体积单位，立方米

MACRO：由 Manne 等研发的宏观经济模型

MARKAL：Market Allocation of Technologies Model，技术市场分配模型

MW·h：1 MW·h=10^3 kW·h

GHG：Greenhouse Gas，温室气体

GW·h：1 GW·h=10^6 kW·h

N_2O：Nitrous Oxide，氧化亚氮

NASA：National Aeronautics and Space Administration，美国国家航空航天局

NCSC：National Center for Climate Change Strategy and International Cooperation，国家应对气候变化战略研究和国际合作中心

NF_3：Nitrogen trifluoride，三氟化氮

PFCs：Perfluorinated compounds，全氟碳化合物

PPP：Public-Private Partnership，政府和社会资本合作模式

UN-SDG：United Nations - Sustainable Development Goal，联合国可持续发展目标

SF_6：Sulphur hexafluorid，六氟化硫

SWOT：英文 Strengths、Weaknesses、Opportunities 和 Threats 的缩写，即企业本身的竞争优势、竞争劣势、机会和威胁，又称为态势分析法

t：重量单位，吨

tce：Tonne of coal equivalent，吨标准煤

US-EPA：United States Environmental Protection Agency，美国国家环境保护局

WHO：World Health Organization，世界卫生组织

目录

城市在编制温室气体清单①时，通常会遇到如下几个问题，本章尝试提供这些问题的解决思路。

①清单工具选哪家？（本书 1.1 节）

②清单编制分几步走？（本书 1.2 节）

③清单数据如何获取？（本书 1.3 节）

④数据缺失，怎么办？（本书 1.3.1 节）

⑤清单报告怎么写？（本书 1.2.3 节和 1.4 节）

1.1　温室气体清单工具的对比与选择

目前国内广泛使用的温室气体清单编制指南主要有联合国政府间气候变化专门委员会（IPCC）系列指南、《省级温室气体清单编制指南（试行）》和《城市温室气体核算国际标准》（Global Protocol for Community-Scale Greenhouse Gas Emission Inventories，以下简称"GPC"）。那么城市应该选择哪个指南呢？本节对这些指南进行了比较分析，帮助城市选择适宜的温室气体清单编制工具。表 1.1 是对这些工具的对比分析结果。温室气体清单编制主要工具简介与分析见本书 1.1.1 节、1.1.2 节和 1.1.3 节。

---

① 温室气体清单主要涵盖 6 种温室气体：二氧化碳、甲烷、氧化亚氮、氢氟碳化物、全氟碳和六氟化硫。这些不同种类的温室气体最终根据全球增温潜势（GWP）的值，折算为统一的二氧化碳当量。为了使"温室气体清单模块"的名称更简洁，本书将"温室气体清单模块"简称为"碳排清单模块"。

表 1.1　主要温室气体清单编制指南对比

发布机构	指南名称	发布时间	部门分类	清单原则	适用性	范围定义	应用情况
IPCC	《IPCC 国家温室气体清单指南（1996年修订版）》	1996年	能源、工业生产过程、溶剂和其他产品使用、农业、土地利用、土地利用变化和林业、废弃物	透明性、完整性、一致性、可比性、准确性	国家及地区	无	148 个缔约国的大部分国家信息通报
	《IPCC 国家温室气体清单优良做法指南和不确定性管理》	2000年					
	《2006 年 IPCC 国家温室气体清单指南》	2006年	能源、工业生产过程和产品使用、农业、林业和其他土地利用、废弃物				
中国国家发改委	《省级温室气体清单编制指南（试行）》	2011年	能源、工业生产过程、农业、土地利用变化和林业、废弃物处理	完整性、准确性、可操作性、可比性、公平性	地区（省级）	无	中国试点省域
ICLEI、WRI、C40	《城市温室气体核算国际标准》（GPC）	2014年[①]	固定源燃烧、交通、工业生产过程和产品使用、农业、林业和其他土地利用、废弃物	透明性、完整性、一致性、相关性、准确性	城市	范围一范围二范围三	世界1 200 个城市及地区

注：①《城市温室气体核算国际标准》（GPC）的试用版于 2011 年发布，并进行了全球范围的试用。

1.1.1　工具适用性

IPCC 先后发布了《1995 年 IPCC 国家温室气体清单编制指南》（以下简称《IPCC1995 指南》），《IPCC 国家温室气体清单编制指南（1996 年修订版）》（以下简称《IPCC1996 指南》）和《2006 年国家温室气体清单编制指南》（以下简称

《IPCC2006 指南》）。这些指南的发布既为各国正确核算温室气体排放量提供了依据，也提高了国与国之间温室气体排放情况的可比性。此外，IPCC 还于 2000 年发布了《IPCC 国家温室气体清单优良作法指南和不确定性管理》（以下简称《IPCC 优良作法指南》），旨在帮助各国减少温室气体核算的不确定性，编制高质量的国家温室气体清单。《IPCC 优良作法指南》仅作为《IPCC1996 指南》的补充文件，而不对其进行修订或替代。《IPCC2006 指南》保留了优良作法的概念及其在《IPCC 优良作法指南》中介绍的定义，是目前各国最常用的温室气体清单编制指南。IPCC 系列指南仅核算国家边界范围内的直接排放，而未考虑间接排放（如从他国调入的电力引起的排放）。而城市地理范围远小于国家，存在许多间接排放，因此 IPCC 系列指南并不完全适用于城市，但城市仍可以参考 IPCC 系列指南中关于直接排放的核算方法。

国家发展和改革委员会 2011 年发布的《省级温室气体清单编制指南（试行）》（以下简称《省级清单指南》），用以指导各省编制温室气体清单。与 IPCC 系列指南相比，省级清单指南根据中国国情给出了供参考的排放因子以及需要重点考虑的排放源。例如，在工业生产过程温室气体排放核算方面，《省级清单指南》重点筛选了 12 个工业生产过程的温室气体核算。如果城市工业生产过程包含这 12 个工业生产过程以外的生产过程，则可参考 IPCC 指南进行核算。此外，《省级清单指南》除了核算省域范围内的直接排放外（核算方法与 IPCC 保持一致），还要求对电力调入或调出所带来的二氧化碳间接排放量进行计算，并在信息项中进行披露。具体核算方法可以利用省（区、市）境内电力调入或调出电量乘以该调入或调出电量所属区域电网平均供电排放因子，由此得到各省（区、市）由于电力调入或调出所带来的所有间接二氧化碳排放。虽然《省级清单指南》将电力的间接二氧化碳排放纳入核算范围，但并未将电力碳排放在各部门中进行分配，也未纳入其他来源的间接排放。与 IPCC 系列指南相比，《省级清单指南》更符合中国的排放特征，但是也并不完全适用于城市温室气体排放核算。

从全球来看，不同的城市采用的温室气体核算方法不尽相同，这给各城市间排放水平的比较带来了困难，且各城市在沿用自己国家发布的核算方法时也遇到了各种困难和不足（Karna Dahal 和 Jari Niemelä，2017）。因此，城市需要一个统一的且完善清晰的城市温室气体核算标准。2011 年，世界资源研究所（WRI）、C40 城市气候变化领导小组（C40）、国际地方政府环境行动理事会（ICLEI）、世界银行（WB）、联合国环境规划署（UNEP）和联合国人类住区规划署（UN HABITAT）首次达成共识，共同研究开发一个全球范围内统一的城市温室气体核算和报告标准，即《城市温室气体核算国际标准》（GPC）。2013年5月至10月，《城市温室气体核算国际标准（测试版1.0）》在全球进行试点，既包括东京、里约热内卢、伦敦等超大城市，也包括德国的 Morbach、美国的 Los Altos Hills 小型社区。其中，中国广东省中山市的小榄镇也被选为试点。2014 年，经过完善后的《城市温室气体核算国际标准》（GPC）正式发布。"市长契约"（Compact of Mayors）[①]将 GPC 作为契约城市核算和报告温室气体排放量的全球公认的标准，并在城市气候注册组织（Carbonn Climate Registry，CCR）平台[②]上报告与"市长契约"相关的数据。契约城市也可在碳信息披露（Carbon Disclosure Project，CDP）平台[③]上报告排放量，报告的信息将自动链接到城市气候注册组织平台的数据库中。截至目前，共有来自84个国家的989个城市、镇和地区在城市气候注册组织平台上进行注册，涵盖了世界10%的人口，在 2020 年前承诺减排二氧化碳总量达 11 亿吨。

世界资源研究所、中国社会科学院城市发展与环境研究所、世界自然基金

---

①市长契约（Compact of Mayors）由前任联合国秘书长潘基文在 2014 年的联合国气候峰会上发起成立，旨在建立一个共同的平台，把不同的城市联盟联合起来，展示城市集体行动的影响力，激励更多的城市、企业等非国家行为主体参与到气候行动中来。2016 年 6 月，市长契约与欧盟市长公约（EU Covenant of Mayors）合并，成立了全球市长气候与能源盟约（Global Covenant of Mayors for Climate and Energy）。全球市长气候与能源盟约网址为：https://www.globalcovenantofmayors.org/。
②城市气候注册组织（Carbonn Climate Registry， CCR）是国际地方政府环境行动理事会（ICLEI）推动的温室气体报告项目。地方和区域政府可以在其报告系统上报告温室气体清单和低碳行动数据。CCR 网址为：http://www.carbonn.org/。
③碳信息披露项目（Carbon Disclosure Project， CDP）是一家为投资者、企业、城市、省/州及地区运行全球信息披露系统并帮助他们管控环境影响的非营利性组织。CDP 平台网址为：https://www.cdp.net/zh。

会（WWF）和可持续发展社区协会（ISC）基于 GPC 标准，并结合中国《省级清单指南》要求，针对中国城市开发了一个基于 Excel 软件的"城市温室气体核算工具"以及该工具的使用指南，旨在为中国城市提供既符合中国国情，又与国际标准接轨的温室气体核算途径，方便用户进行统计核算和数据上报，或进行国际比较（世界资源研究所，2013）。工具和指南的测试版 1.0 于 2013 年 9 月 12 日发布。之后，在 2015 年 4 月 2 日又发布了"城市温室气体核算工具 2.0"，以及《城市温室气体核算工具 2.0 更新说明》。相比工具 1.0，工具 2.0 内容的更新主要包括 4 个方面：一是活动水平数据输入方法更新，二是内嵌数据更新，三是现有报告格式完善，四是新增报告格式。"城市温室气体核算工具 2.0"采用"一套数据、多套产出"的方法，可同时产出 8 种报告模式：GPC 报告模式、省级清单报告模式、重点领域排放报告模式（工业、建筑、交通和废弃物处理）、产业排放报告模式、排放强度报告模式、城市能源结构相关的排放、能源平衡表产出的化石燃料燃烧排放报告模式和信息项报告模式（世界资源研究所，2015）。

城市与国家和省级层面相比，地理范围更小，因此城市与边界外的活动交流较多（如调入或调出的电力和热力、跨边界交通、跨边界废弃物处理、原材料异地生产和产品异地使用等），城市层面跨边界排放占整体排放的比例也越大，是不可忽略的排放量（世界资源研究所，2013）。而 IPCC 系列指南和《省级清单指南》在处理跨边界排放核算上有所缺失或过于简化。GPC 提出了范围一、范围二和范围三的概念（专栏 1.1），用于区分城市直接排放和间接排放，使核算更清晰，也提高了城市间的可比性。城市温室气体核算工具采用了 GPC 中提出的范围概念，涵盖了《省级温室气体清单编制指南（试行）》中所有范围一排放源的计算，还包括了城市调入电力和热力产生的范围二排放，以及跨边界交通和跨边界废弃物处理产生的范围三排放的计算。

专栏 1.1　范围一、范围二、范围三的概念

"范围一"排放是指发生在城市地理边界内的排放，即直接排放，例如生产过程中燃烧煤炭、城市内供暖过程中燃烧天然气、城市内交通造成的排放等。

"范围二"排放是指城市地理边界内的活动消耗的调入电力和热力（包括热水和蒸汽）相关的间接排放。

"范围三"排放是指除"范围二"排放以外的所有其他间接排放，包括上游"范围三"排放和下游"范围三"排放。前者包括原材料异地生产、跨边界交通以及购买的产品和服务产生的排放，后者包括跨边界交通、跨边界废弃物处理和产品使用产生的排放等。

其中，"范围一"为直接排放，"范围二"和"范围三"为间接排放。

资料来源：世界资源研究所.2013.中国城市温室气体核算工具指南（测试版1.0）.

1.1.2　部门分类

从部门分类来看（表 1.1），《IPCC 1996 指南》将温室气体排放源/吸收汇分为六大部分，分别是"能源活动""工业生产过程""溶剂和其他产品使用""农业活动""土地利用、土地利用变化和林业""废弃物处理"。

《IPCC 2006 指南》在《IPCC 1996 指南》的基础上，将"工业生产过程"及"溶剂和其他产品使用"合并为"工业过程和产品使用"，将"农业活动"及"土地利用变化和林业"合并为"农业、林业和其他土地利用"。对于这两个 IPCC 指南，《联合国气候变化框架公约》秘书处的要求是发达国家在 2015 年及以后必须参照 2006 年指南编制清单，对发展中国家则不做要求（世界资源研究所、浙江省应对气候变化和低碳发展合作中心，2015）。

GPC 的部门分类与《IPCC 2006 指南》基本一致，只是将"能源活动"下的二级分类——"固定源燃烧"和"移动源燃烧"提到了一级分类的位置。

《省级清单指南》仍采用了《IPCC 1996 指南》的部门分类方法，但未包括"溶剂和其他产品使用"。《省级清单指南》中的"能源活动""工业生产过程""农业活动"和"废弃物处理"是排放源,土地利用变化和林业可能同时存在排放源和吸收汇。

1.1.3　清单编制原则

由表 1.1 可以看出,不同清单指南提出的原则虽然表达方式不尽相同,但实质内容大致是相同的。首先,各指南都对清单的完整性和准确性提出了要求。完整性指全面覆盖温室气体排放源/吸收汇,并对没有纳入的排放源/吸收汇进行说明。准确性指尽可能减少温室气体核算结果与实际情况的偏差。此外,GPC 还提出了相关性原则,即报告的温室气体排放应恰当反映城市相关活动引起的排放情况。也就是说,城市需要核算的排放源并不仅限于在城市地理边界内产生的直接排放,由城市活动引起的间接排放(范围二和范围三)也应纳入核算,但具体纳入哪些间接排放源则与核算目的以及当地政府决策需要相关。

与 IPCC 系列指南和《省级清单指南》相比,虽然 GPC 未提出可比性原则,但是如果按照 GPC 报告格式列明了范围一、范围二和范围三下的各类排放源,还是有利于城市间进行排放水平比较的,通常城市提出的碳减排目标多针对范围一和范围二的排放。

虽然与《省级清单指南》相比,IPCC 系列指南和 GPC 未提出可操作性原则,但 IPCC 系列指南提出了识别清单编制关键类别的方法,GPC 提供了"初级核算"(BASIC)、"中级核算"(BASIC$^+$)、"高级核算"(EXPANDED)3 种覆盖不同排放源的核算和报告规则[①],这些在一定程度上为提高清单编制的可操作性提供了指导。

---

① 初级核算:包括能源活动、工业生产过程和废弃物处理的"范围一"排放、所有"范围二"排放,以及废弃物处理的"范围三"排放。中级核算:包括初级核算,农业活动、土地利用变化和林业的"范围一"排放,以及能源活动中交通的"范围三"排放。高级核算:包括中级核算以及所有其他间接排放(世界资源研究所,2013)。

GPC建议城市尽可能详细地核算和报告其温室气体排放,即选择"中级核算"排放源,如有困难,应该至少选择"初级核算"排放源进行核算和报告。

此外，IPCC 系列指南和 GPC 均提出了透明性原则和一致性原则。透明性原则指对于为编制某一清单所采用的假设和方法，应作出清楚的解释，以便通报信息的用户仿制清单。一致性原则指在城市温室气体清单编制的各个环节，从边界确定、方法选择、排放因子到活动水平，都必须保持一致性和系统性，从而保证排放水平趋势分析和减排措施的可靠性，并且有利于城市之间的对比分析。虽然《省级清单指南》未提出透明性原则和一致性原则，但在《省级清单指南》"表 7.1 温室气体清单编制一般质量控制程序"中提出了与这两个原则相关的要求，如明确提出"评审内部文件和存档，检查这些记录是否可支持估算并能够复制排放、清除和不确定性估算"，提出"检查数据库文件、类别间数据和时间序列的一致性"。

《省级清单指南》提出了公平性原则，即考虑了不同地区间电力调入或调出产生的二氧化碳排放量。

1.2 温室气体清单编制步骤

城市温室气体核算包括 8 个步骤（图 1.1）。首先确定城市温室气体核算边界，

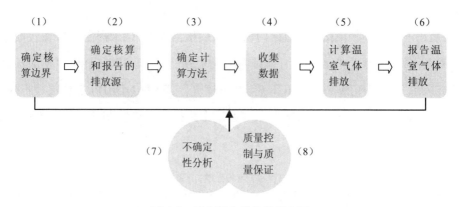

图 1.1 城市温室气体核算步骤

注：根据《省级温室气体清单编制指南》和《中国城市温室气体核算工具指南（测试版 1.0）》中的核算步骤进行整理得到。

接着确定需要核算和报告的温室气体排放源，然后确定计算方法并根据计算方法的需要收集数据，最后计算温室气体排放和报告温室气体排放。为了确保温室气体排放核算结果的完整性、准确性、一致性和透明性，还应当对数据的不确定性进行分析，并实施质量控制与保证程序。

1.2.1 确定核算边界和排放源

城市地理边界的选择主要取决于核算的目的。《中国城市温室气体核算工具指南》推荐采用城市行政区划作为地理边界对温室气体排放进行核算，一方面，符合中国以行政区划为单位进行分级管理的制度；另一方面，很多数据是以行政区划为单位进行统计的。如针对城市交通，最佳地理边界为"市"，其他边界不仅可能因为缺少数据而难以核算，而且对行业减排政策制定的意义也不大（世界资源研究所，2013）。

有研究人员将城市分为 4 种城市空间边界，分别为市域、市辖区、建成区和城区（蔡博峰，2014）。市域属于中国行政区划一级，与《中国城市温室气体核算工具指南（测试版 1.0）》推荐选择的地理边界一致。中国城市排放清单和低碳城市规划主要是基于市域范围开展；市辖区主要指市域内的区（不包括县），一般是中国城市中经济活动强度较大的区域；建成区是基于物理参数（主要是指硬化地面）定义城市的核心指标，主要是城镇建设用地；城区[①]是基于城市功能而确定的城市范围，城市的主要功能是人口和就业的集聚，因而人口密度是判断城市的核心参数。图 1.2 以上海市和重庆市为例，展现城市空间边界的关系。

---

① 城区边界是按照经济合作与发展组织（OECD）判定程序确定的，具体方法参见文献"蔡博峰，王金南. 2013. 基于 1 km 网格的天津市二氧化碳排放研究[J]. 环境科学学报，33（6）：1655-1664"。

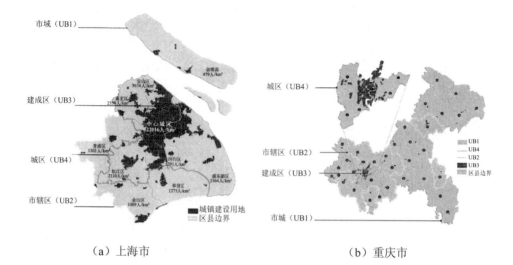

（a）上海市　　　　　　　　　　　（b）重庆市

图 1.2　4 种城市空间边界关系

资料来源：①蔡博峰，张力小. 2014. 上海城市二氧化碳排放空间特征.
　　　　　②蔡博峰. 2014. 中国 4 个城市范围 CO_2 排放比较研究——以重庆市为例.

在进行国际城市碳排放对比分析时，采用城区边界被认为更能表达城市的真正特征，而不是当前主要采用以行政边界（市域）作为城市边界的普遍做法，市域边界和市辖区边界接近经济合作与发展组织（OECD）国家州（State）和县（County）的概念（蔡博峰，2013；蔡博峰，2014；蔡博峰和张力小，2014）。表1.2 对比了 2007 年不同城市空间边界内的人均碳排放量，除重庆市外，上海市和

表 1.2　2007 年不同城市边界核算的人均二氧化碳排放量对比　　　　单位：$t\ CO_2$/人

城市边界	上海	天津	重庆	纽约
市域	13.48	11.3	4.9	
市辖区	13.61	10.84	6.97	6.33
建成区	16.15	—	11.3	
城区	12.04	4.71	7.86	

注：表中的中国城市碳排放数据包括能源活动和工业过程产生的范围一和范围二的排放。
资料来源：①蔡博峰，王金南. 2013. 基于 1 km 网格的天津市二氧化碳排放研究.
　　　　　②蔡博峰，张力小. 2014. 上海城市二氧化碳排放空间特征.
　　　　　③蔡博峰. 2014. 中国 4 个城市范围 CO_2 排放比较研究——以重庆市为例.
　　　　　④The City of New 2010. York.Inventory of New York City Greenhouse Gas Emissions 2010.

天津市城区的人均碳排放均低于市域边界的排放水平。2007 年上海市、天津市和重庆市城区边界人均碳排放分别是纽约的 1.90 倍、0.74 倍和 1.24 倍。城市在建成区边界内的人均碳排放量最高，市域边界的碳排放总量最高。

通过对不同城市边界范围内的碳排放进行分析比较，有助于全面掌握城市的温室气体排放特征，以此制定低碳发展政策措施。与市域边界相比，其他边界碳排放核算的数据基础较为薄弱，制约了细分边界的碳排放核算。

综上所述，关于城市温室气体核算边界的选择，需要综合考虑温室气体清单编制目的、数据可得性、项目资源等多种因素。

地理边界确定后，就可按照排放源部门和由边界引申出的范围一、范围二和范围三定义对城市温室气体排放量进行分类。温室气体排放源部门对应的气体种类和范围如图 1.3 所示。由于城市产业结构的差异，每个城市不一定涵盖所有温室气体排放源部门，需根据城市自身情况确定需要核算的排放源。IPCC 系列指南提出了识别清单编制关键类别的方法，GPC 提供了"初级核算"（BASIC）、"中级核算"（BASIC⁺）、"高级核算"（EXPANDED）3 种覆盖不同排放源的核算和报告规则，城市可将此作为参考依据，结合可操作性，选择核算和报告的排放源。

部门分类	CO_2	CH_4	N_2O	HFCs	PFCs	SF_6	范围一	范围二	范围三
能源活动	✓	✓	✓				✓	✓	✓
工业生产过程	✓		✓	✓	✓	✓	✓		
农业活动		✓	✓				✓		
土地利用变化和林业	✓	✓					✓		
废弃物处理	✓	✓	✓				✓		✓

图 1.3　温室气体排放源部门对应的气体种类和范围

注：《京都议定书》规定的第七种温室气体三氟化氮（NF_3）暂不计算。
资料来源：世界资源研究所. 2013. 中国城市温室气体核算工具指南（测试版 1.0）.

不同类型的温室气体吸收红外线的能力也不同，对全球增温造成的影响也不同。为了统一衡量不同温室气体对全球增温的影响，全世界是以 CO_2 为基准，将其他温室气体换算成二氧化碳当量（CO_2e），这一属性被称为"全球增温潜势"（GWP），它是指特定温室气体在一定时间内相当于等量 CO_2 的吸热能力。根据人们对温室气体的研究发现，IPCC 第二次报告（1995 年）、IPCC 第三次报告（2001年）、IPCC 第四次报告（2007 年）和 IPCC 第五次报告（2013 年）发布的 GWP值不尽相同。《省级清单指南》建议使用者采用第二次评估报告数值。城市也可自行选择，但需要说明选择的数值。

1.2.2　确定计算方法和数据收集

无论是城市还是省级温室气体核算的基本计算原理均与 IPCC 系列指南一致，即温室气体排放量等于活动水平与排放因子的乘积 [式（1.1）]。IPCC 系列指南提供了不同层级的清单估算方法，差别在于活动水平数据与排放因子数据的详细程度。

$$温室气体排放量=活动水平×排放因子 \qquad (1.1)$$

以能源活动二氧化碳排放量计算为例，活动数据可以是各种化石燃料的表观消费量，也可以是分部门、分能源品种、分主要燃烧设备的能源活动水平数据；碳排放因子可以采用国家推荐的参考值，也可以选择基于当地燃烧设备的实测值。

对于城市重点排放源，如果可以获得详细数据，应尽量采用较高层级的方法学。城市也可以采用模型计算碳排放量，例如，伦敦在核算下辖 33 个市镇的能源活动碳排放中，使用交通模型和"自下而上"收集的数据（包括对小汽车、公交车路线的问卷调查等）对 33 个市镇的道路交通排放进行分配；新西兰惠灵顿地区各个城市的机动车行驶里程数来自"惠灵顿交通战略模型"（Wellington Transport Strategy Model）（世界资源研究所、浙江省应对气候变化和低碳发展合作中心，2015）。

由上述分析可知，计算方法的选择将直接影响数据收集方案的制定。那么如何确定计算方法呢?由图 1.4 和表 1.3 可知,温室气体清单的用途决定了对清单内容的最低要求,从而影响计算方法的选择和数据收集需求。而数据的可得性又反过来决定了清单内容的详细程度和计算方法的选择。由图 1.4 可知,数据缺失有多种原因,第一种情况是城市有相关数据,但是找错了部门,从而未获得所需数据;第二种情况是城市有相关数据,但涉及保密问题无法获得相关数据,这两种数据缺失情况都有可能通过加强与部门间的沟通获得;第三种情况是确实没有数据,可以先通过科学的估算方法获得数据(关于缺失数据估算方法的内容见本书 1.3.1 节),如果无法进行估算,就只能调整计算方法。因此计算方法与数据收集方案之间是互动关系。

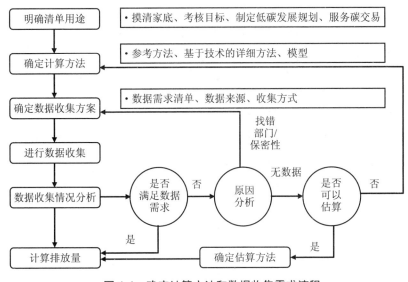

图 1.4 确定计算方法和数据收集需求流程

表 1.3 清单用途、计算方法和数据需求关系——以能源活动为例

清单用途	清单内容	方法选择	
		最低活动数据需求	最低排放因子需求
城市碳排放强度目标考核	城市碳排放总量数据	一次能源分燃料消费量,城市电力调入调出量,化石燃料非能源用途的固碳量	国家推荐的燃料排放因子参考值

清单用途	清单内容	方法选择	
		最低活动数据需求	最低排放因子需求
摸清家底	城市分部门基本排放数据	分部门燃料消费量数据、工业化石燃料非能源用途的固碳量（通常可从能源平衡表中获得）	国家推荐的分部门燃料排放因子参考值
制定低碳规划	城市分部门详细排放数据	工业分行业、分能源品种、分主要燃烧设备的能源活动水平数据，高耗能产品产量或分行业增加值数据；分交通类型分能源品种的能耗数据，交通工具拥有量，年均行驶里程等；分建筑类型分能源品种的能耗数据等	国家推荐的分部门燃料排放因子参考值
服务碳交易	企业碳排放数据	基于企业的分能源品种能耗数据	国家推荐的分部门燃料排放因子参考值

　　数据来源主要分为统计数据、部门数据、估算数据和调研数据。这些数据来源的优先级别如图 1.5 所示。由于统计数据和部门数据为政府发布，具有权威性，数据准确性也相对有保证，因此这两类数据的优先级较高。如果这两类数据缺失，可以通过估算或调研获得。估算方法相对调研省时省力，但估算方法有可能存在较大不确定性，且调研方法有时可以获得更细致的数据。因此到底选择估算方法还是调研方法，需要根据所需数据的详细程度、数据的不确定性和项目资源等因素综合考虑。

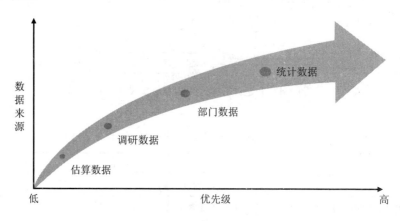

图 1.5　数据来源和优先级

关于数据收集和估算方法的详细描述参见本书 1.3 节。

1.2.3　温室气体排放报告

中国城市多采用《省级清单指南》的报告格式，即罗列城市各排放源的直接排放量（即范围一），仅对城市电力调入或调出产生的排放量进行披露，未将电力消费产生的间接排放分配到各终端消费部门。此外，也不把国际燃料舱产生的排放和生物质燃烧产生的二氧化碳排放量纳入总量考核范畴，而仅进行信息披露。

GPC 报告模式涵盖了范围一、范围二和范围三的所有温室气体排放量。城市考核自身排放总量时，通常包括 GPC 初级核算要求报告的排放源，即能源活动、工业生产过程和废弃物处理的范围一排放、所有范围二排放，以及废弃物处理的范围三排放。但需要注意的是，若将这部分的范围一排放、范围二排放和范围三排放直接相加，将会造成重复计算。这里以电力相关温室气体排放核算为例进行说明。根据 GPC 对范围的定义，电力相关的排放量只涉及范围一和范围二，不涉及范围三。范围一的电力排放量为城市本地电力生产引起的直接排放量，范围二的电力排放量为来自电网的电力产生的间接排放量。由于城市消费的绝大部分电力均通过电网输送，因此绝大部分城市电力消费引起的排放（包括本地上网电力）都需要纳入范围二［式（1.2）］，而由于本地上网电力来自本地发电设备，因此这部分排放量也需要在范围一中报告。可见，本地上网电力引起的排放量被核算了两次，因此在计算城市电力温室气体排放总量时需要扣除被重复计算的本地上网电力引起的排放量。也就是说城市温室气体排放总量小于范围一、范围二和范围三排放量的直接加和。

范围二电力消费引起的排放量＝本地上网电力引起的温室气体排放量+

电网调入电力蕴含的温室气体排放量−

电网调出电力蕴含的温室气体排放量

（1.2）

虽然《省级清单指南》和 GPC 均提供了规范的报告格式，对于研究人员，这种报告格式非常清晰明了，但是对于决策者和公众，这样的报告格式并不容易看懂，人们更关心的是对清单的解读，例如城市温室气体排放总量的变化趋势、分部门排放特征以及清单对政策和实践的指导意义等。因此，城市在编制清单报告时不仅要满足技术需求，也应考虑清单的应用和读者的需求。一些已开展多年清单编制的国际城市（如斯德哥尔摩、东京、纽约等）在其清单报告中更注重对清单结果的分析，反而弱化了技术层面的阐述。

综上所述，城市可基于同一组数据，根据不同读者的需求，产出不同格式的报告，并增加对清单结果的分析和解读（本书 1.4 节）。表 1.4 给出了城市温室气体排放总量报告格式示例。省级清单报告格式和 GPC 报告格式请参见《省级清单指南》和 GPC。

表 1.4　城市碳排放报告表

部门		CO_2e 排放量/万 t	其中		
			范围一	范围二	范围三
能源活动	第一产业				
	第二产业				
	其中：工业				
	建筑业				
	大交通				
	商业和公共建筑				
	住宅				
	小计				
工业过程					
农业活动					
废弃物处理	固废处理				
	废水处理				
	小计				
碳源总计					
土地利用变化与林业净碳汇					
净碳排放量					

注：表 1.4 仅作为示例，城市可根据自己的需求进行调整。例如，可增加各种温室气体种类和各种燃料的排放量。

1.2.4　不确定性分析

造成清单结果不确定性的原因有很多，包括缺乏完整的活动水平数据、模型系统的简化和对缺乏数据的估算等。一些不确定性可以量化（量化方法见《省级清单指南》），而另一些不确定性原因可能更难识别和量化，优良做法是在不确定分析中尽可能解释所有不确定性原因，并且明确记录包括哪些不确定性原因。不确定性分析的目的主要是用于帮助确定未来向哪些方面努力，以便提高清单的准确度（中国发展改革委应对气候变化司，2011）。

选择更准确的测量方法，改进模型结构和参数，深入研究本地化温室气体排放因子，改善城市能源统计体系，以支持详尽的温室气体清单编制需要等措施，将有利于减少核算结果的不确定性。

1.2.5　质量控制和质量保证

质量控制是一个常规技术活动，用于评估和保证温室气体清单质量，由清单编制人员执行（中国发展改革委应对气候变化司，2011）。质量控制系统的目的有以下三方面：

一是提供定期和一致检验来确保数据的内在一致性、准确性和完整性。例如，自 2007 年纽约编制温室气体清单以来，纽约市每年都会参考最新的算法和数据对计算方法、排放源情况、排放因子数据等进行更新（专栏 1.2）。

专栏 1.2　纽约每年对基年与历年排放数据进行调整

纽约每年都会根据最新的方法和数据情况对基年和历史数据作相应调整，以保持自己历史排放数据的一致性和可比性。纽约也会在清单报告中对数据调整的原因进行说明，如 2008 年清单报告中提到，基年数据调整主要包括严格按照 WRI "范

围"的要求对排放进行划分、更新了电力和热力的排放因子、将垃圾填埋排放计算方法由质量平衡法改为一阶衰减法等;2009年的清单报告中则提到新加入了4种排放源,包括废弃物处理产生的氧化亚氮(N_2O)排放、天然气输配过程中的甲烷(CH_4)逃逸排放、汽车空调使用氢氟碳化物(HFCs)的逃逸排放,以及电力生产系统中的六氟化硫(SF_6)逃逸排放。图1.6展示了历年清单报告中对2005年排放量的修正值。

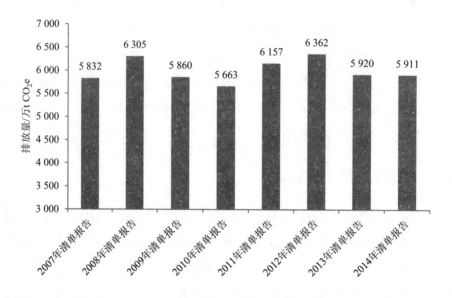

图1.6　纽约2005年(基准年)排放量在不同年份清单报告中的变化

资料来源:世界资源研究所,浙江省应对气候变化和低碳发展合作中心.2015.城市温室气体清单编制与应用的国内外经验.

二是确认和解决误差及疏漏问题。本书1.3.1节探讨了如何对估算数据进行校准,可供参考。

三是将清单材料归档并存档,记录所有质量控制活动。例如,浙江省各市(县)要求对数据来源进行严格记录(专栏1.3)。

　　各领域清单活动水平数据需经过数据采集部门审核并盖章确认，以附录形式对活动水平数据来源进行说明，包括如下内容：

　　● 利用统计部门或其他部门同级统计数据的，具体给出统计数据的名称、作者、年份等。

　　● 采用专家提供数据的，具体给出专家姓名、所在单位、提供方式、提供时间等。

　　● 采用企业数据的，提交企业调研报告，记录具体的调研过程，并给出调研企业名称、访问时间、实施调查人、数据提供人、记录人等。

　　● 如历史活动水平数据变更，要求报告年份、变更的活动水平数据，以及变更的清单结果和原因。

资料来源：世界资源研究所，浙江省应对气候变化和低碳发展合作中心. 2015. 城市温室气体清单编制与应用的国内外经验.

　　质量保证是一套规划好的评审规则系统，由未直接涉及清单编制过程的人员进行。在执行质量控制程序后，最好由独立的第三方对完成的清单进行评审。例如，浙江省庆元县引入了第三方质量控制，以提高数据质量。

1.3　数据收集与估算方法

1.3.1　能源活动

　　表 1.5 列出了能源活动排放源的活动水平数据需求和可能的数据来源，并通过湖南省长沙市案例和广东省中山市小榄镇案例说明在编制温室气体清单过程中可能会遇到的问题，以及如何解决这些问题。从表 1.5 中可以看出，数据缺失是市级和镇级温室气体清单编制过程中普遍存在的问题。

表 1.5 能源活动排放源的活动水平数据需求和数据来源

排放源分类	数据需求	可能的数据来源	案例 1 湖南省长沙市	案例 2 广东省中山市小榄镇
1. 化石燃料燃烧	"简单数据收集":分行业、分能源品种的化石燃料燃烧量数据	能源统计年鉴、统计部门	从长沙市统计局获得一次能源分品种分部门能耗比重、电力输配损失和分能源入电力、净调入电力，从《长沙统计年鉴》获得规模以上工业企业分行业、分品种能源消费量，按照比例因子法估算分品种的化石燃料燃烧量数据，得到长沙能源平衡表（估算）	制造业能耗数据来自统计局和加油站加油量的数据力局；交通能耗来自对加油站油销售量的调研；其他分行业能耗数据采用调研法和比例因子法计算得到
	"详细数据收集"工业领域：分工业行业、分能源品种的化石燃料燃烧量数据	统计、工信、发改等部门、行业协会	缺乏可靠的工业分行业分燃料化石燃烧产生的排放进行细分	对于能源活动中的制造业规模以上企业，采用能源统计报表、上交、上报，并经过小榄镇统计办审核确认的《能源利用状况报告》中的数据；对于能源活动中的制造业规模以下企业，采用供电部门提供的电力消耗数据，并根据比例因子法计算全行业能耗数据
	"详细数据收集"建筑领域：分建筑类型、分能源品种的化石燃料燃烧量数据	统计部门、住建部门	从长沙市住建局获得长沙民用建筑能耗统计报表和长沙市 5 个中心城区已登记的分建筑类型的建筑面积数据。清单编制团队尝试以此估算得到长沙市分建筑类型的能源消费量。将估算得到的公共建筑用能总量与根据能源平衡表（估算）估算得到的公共建筑用能平...	采用抽样调研法和比例因子法计算得到

排放源分类	数据需求	可能的数据来源	案例1 湖南省长沙市	案例2 广东省中山市小榄镇
1. 化石燃料燃烧	"详细数据收集"交通领域：分交通方式、分能源品种的化石燃料燃烧量数据	交运局、海事局、航运部门、铁路部门、统计年鉴、城市交通大调查数据和加油站数据报告、加气站数据等	从长沙市交运局获得长沙市公交车、出租车、地铁和货运的分品种能源消费量数据，从《长沙统计年鉴》中获得分汽车类型保有量数据，采用类比百千米能耗数据和汽车类型的非营运车均里程数据，并与根据长沙能源平衡表估算得到的非营运交通能源得到的非营运交通得到计算得到的非营运交通数据进行对比，调整后获得城市交通活动数据。航空、水运等交通数据未获得相关数据，因此未单独核算	无详细交通数据（相差过大，因此未采用分建筑类型数据）
2. 生物质燃料燃烧	秸秆燃烧量、薪柴燃烧量、木炭燃烧量、动物类便便燃烧量	能源统计年鉴、农业统计年鉴、农村能源统计年鉴、农村统计年鉴、畜牧业年鉴、林业年鉴、森林资源调查资料、相关研究结果	未获得相关数据，且生物质燃料燃烧产生的二氧化碳并不计入城市碳排放总量，因此未核算	—
3. 燃料逃逸排放	—	—	—	—

21

排放源分类	数据需求	可能的数据来源	案例 1 湖南省长沙市	案例 2 广东省中山市小榄镇
3.1 煤炭开采和矿后活动	煤炭产量（需要分国有重点、国有地方、乡镇三种煤矿类型；需要区分井下开采和露天开采；井下开采需区分高瓦斯矿和低瓦斯矿），甲烷回收利用量	煤矿行业管理部门、行业协会	未获得相关数据，且随着煤矿的关停淘汰，所剩煤矿已不多，故未核算	—
3.2 石油系统	常规油开采井口装置数量、常规油单井储油装置数量、常规油转接站数量、常规油联合站油运输数量、稠油开采量、原油运输量、原油炼制量	当地石油公司	无石油开采行业，也未获得其他相关活动数据，故未核算	—
3.3 天然气系统	天然气开采井口装置、常规气系统、储气气系统、天然气加工处理总站的数量、天然气输送过程中的增压计量站数量、天然气输送过程中的管线（逆止阀）数量、天然气消费量	当地天然气公司	无天然气开采行业，也未获得其他相关活动数据，故未核算	—

能源活动数据缺失可分为两种情况：

第一种是能源活动碳排放清单所需基础数据缺失，这类缺失将直接导致无法核算能源活动碳排放量，或增加计算结果的不确定性。目前，中国有许多城市没有完善的能源平衡表，有些甚至连一次能源消费数据都没有。这使得城市化石燃料燃烧引起的碳排放总量核算的准确性难以保证。如果城市只有一次能源消费量数据和电力调入或调出数据，则可以对城市能源碳排放总量进行核算，但是无法得到分部门数据。

第二种缺失是细分活动数据的缺失。如果城市有能源平衡表，则可以得到能源碳排放总量和终端分部门碳排放量，但是无法对终端分部门的碳排放量做进一步细分，例如，分建筑类型的能源消费数据和分交通类型的能源消费数据。此类缺失不影响城市能源活动和终端分部门碳排放总量的粗略计算，但由于缺乏细分数据，将难以对城市未来的碳排放量进行细致模拟，从而降低情景分析结果在政策建议方面的实用性。细分活动数据的缺失是中外大部分城市遇到的问题，因此需要通过合理的估算方法和调研方法获得相关数据。

例如，广东省中山市小榄镇，由于其地理范围相对较小，数据基础较市级薄弱很多，数据调研成为可行的和最佳的数据来源，专栏 1.4 对小榄镇数据调研的方法进行了介绍。对于许多城市来说，很难承受数据调研所需的资源投入，因此也常用比例因子法对城市分部门能源活动数据进行估算（长沙市和小榄镇两个案例均使用了比例因子法），专栏 1.5 对比例因子法进行了介绍。专栏 1.6 为能源平衡表估算交通活动数据的方法。专栏 1.7 探讨了数据交叉验证的重要性。

专栏 1.4　调研方法

如果城市地理面积相对较小，排放源数量相对较少，直接调查和收集点源数据具有更高的可行性。调研方式可分为全部调研和抽样调研两种类型。确定样本数量的原则为：当某领域的排放源数量（如企业数量）低于 100 家时，全部调研；当排放源数量高于 100 家时，对该行业抽取 100 家企业进行调研。100 家的调研量是根据调查样本量确定公式计算得到的［式（1.3）］。

中山市小榄镇采用制作调研表格采集数据的调研方式对其他无统计数据的排放源进行数据收集。调研表格模板可从《中国城市温室气体核算工具指南（测试版 1.0）》中获取。清单编制团队对小榄镇"农、林、牧、渔业"企业（7 家）、"电力、燃气及水的生产和供应业"企业（8 家热电厂、煤气公司和水厂）、"制造业"中的化工胶粘公司（42 家）和食品饮料公司（46 家）、交通运输业（14 个加油站和公交公司）、"住宿和餐饮业"中的酒店（47 家）和餐馆（37 家）、"金融业"企业（19 家）、"房地产业"企业（8 家）、"租赁和商务服务业"企业（30 家）、"水利、环境和公共设施管理业"单位（水闸站、排涝泵站 41 个）、"教育业"中的学校（34 家）、幼儿园（37 家）、培训中心（26 家）、托儿所（77 家）、"卫生、社会保障和社会福利业"单位（21 家医院和区办卫生院）、"文化、体育和娱乐业"中的电影院（3 家）、歌舞娱乐场所（18 家）、电子游戏娱乐场所（19 家）、互联网上网服务娱乐场所（15 家）、"公共管理和社会组织"单位（小榄各社区 15 家）、"废弃物处理"企业（13 家垃圾中转站和污水处理厂）进行了全部调研，其他行业抽样调研 100 家企业，然后根据比例因子获得全行业总能耗数据。

调查样本量的确定公式：

$$n=Z^2\sigma^2/d^2 \tag{1.3}$$

式中，n 为所需样本量；Z 为置信水平的 Z 统计量，如 95% 置信水平的 Z 统计量为 1.96；σ 为总体的标准差，一般取 0.5；d 为置信区间的 1/2，在实际应用中就是容许误差，或者调查误差。

例如，为保证每个行业活动数据抽样调查要求置信度为 95%，抽样误差 d 不超过 10%，计算得到：$n=1.96^2\times0.5^2/10\%^2=96$，说明调查所需最小样本量是 96。

资料来源：① 冯超.2014.城市框架内的碳足迹量化方法及影响因素研究[D].广州：华南理工大学.

② 世界资源研究所，浙江省应对气候变化和低碳发展合作中心.2015.城市温室气体清单编制与应用的国内外经验.

专栏 1.5　比例因子法

GPC 中给出了比例因子法的计算公式，见式（1.4）。比例因子法被广泛用于对城市能源活动水平的估算中，常用的驱动因子和用以估算的活动数据见表 1.6。

$$清单活动数据 = \frac{驱动因子指标值（清单）}{驱动因子指标值（可得）} \times 可得活动数据 \qquad (1.4)$$

表 1.6　比例因子法应用案例

案例	驱动因子指标	估算的活动水平	采用的可得活动数据
《浙江省市县清单编制指南（2015 年修订版）》	房屋建筑施工面积	城市建筑业能耗	浙江省建筑业能耗
	服务业增加值	城市服务业能耗（交通除外）	浙江省服务业增加值
	工业增加值	城市工业总能耗	城市规模以上工业能耗
	人口	城市居民生活能耗	浙江省居民生活能耗
	农业增加值	城市农林牧渔业能耗	浙江省农林牧渔业能耗
广东省中山市小榄镇温室气体清单	工业总产值	小榄镇规模以上企业总能耗	抽样调研的规模以上企业总能耗
	产品销售额	小榄镇规模以下企业总能耗	抽样调研的规模以下企业能耗
	企业数量	小榄镇仓储邮政/批发零售行业总能耗	抽样调研的仓储邮政/批发零售行业能耗
	人口	小榄镇居民生活总能耗	抽样调研的居民生活能耗
长沙市温室气体清单	人口	长沙市居民生活非电能耗	湖南省居民生活非电能耗
	分行业非电能源消费总量（工业除外）	分行业非电能源分品种消费量	湖南省分行业非电能源分品种消费量
CEADs 团队（China Emission Accounts and Datasets）	服务业增加值	城市服务业能耗（包括交通）	城市所在省份服务业增加值
	工业增加值或工业总产值	城市工业总能耗	城市规模以上工业能耗
	人口	城市居民生活能耗	城市所在省份居民生活能耗
	农业增加值	城市农林牧渔业能耗	城市所在城市农林牧渔业能耗
新西兰惠灵顿地区城市清单编制	人口	城市工业产品使用（电冰箱等电器）活动数据	新西兰工业产品使用（电冰箱等电器）活动数据
	人口	城市废弃物处理量	新西兰废弃物处理量
	机动车行驶里程数	城市燃料油销售量	惠灵顿地区燃油销售量

资料来源：①浙江省应对气候变化和低碳发展合作中心. 2015. 浙江省市县温室气体清单编制指南（2015 年修订版）.

②世界资源研究所等. 2015. 城市温室气体清单编制与应用的国内外经验.

③ISEE，HILCC，ISC. 2017. 长沙市温室气体排放达峰研究.

④Shan, et al. 2017. Methodology and applications of city level CO_2 emission accounts in China.

专栏 1.6　能源平衡表估算交通活动数据的方法

　　我国现行能源平衡的定义、方法和指标设置与国际通行准则相比，存在很多差异。我国平衡表中各部门能耗数据多以"工厂"法进行统计，例如，我国能源统计年鉴中的交通仓储业能耗只包括营运交通能耗，非营运交通则分散在工业、建筑业、生活能耗等其他部门，而国外交通能耗是一个大交通的概念，包括了所有营运和非营运交通能耗。因此需要对能源平衡表进行调整，获得大交通能耗数据。《中国城市温室气体核算工具指南（测试版 1.0）》给出了能耗调整的方法：

- 农业中 97% 的汽油和 30% 的柴油为非营运交通。
- 工业中除原料消耗以外 95% 的汽油和 35% 的柴油为非营运交通。
- 建筑业、批发零售和住宿餐饮业、其他第三产业中 95% 的汽油和 35% 的柴油为非营运交通。
- 居民生活终端能源消费中的所有汽油和 95% 的柴油为非营运交通。
- 交通运输、邮政和仓储业所有能源消费，除 15% 的电力外均为营运交通。
- 扣除了非营运交通能耗的批发零售和住宿餐饮业能耗和其他第三产业能耗为商业和公共建筑能耗。

　　研究人员利用改造后的能源平衡表计算的北京市交通排放和其他能耗统计数据的计算结果相一致，也证实了能源平衡表改造用于计算非营运交通和"大交通"排放这一方法的科学性和可行性。如果城市没有能源平衡表，则可以根据汽车保有量采用行驶里程法进行计算其排放（世界资源研究所、浙江省应对气候变化和低碳发展合作中心，2015）。

专栏 1.7　数据交叉验证的重要性

　　城市数据来源众多，估算方法不尽相同，由此得到的计算结果也有所不同。为了确保数据质量，需要将不同的计算结果进行交叉验证。一般认为，不同方法或数据来源的计算结果数量级需一致；对于不同计算方法或数据来源的计算结果差异的可接受范围没有明确定论，例如，相差不到10%并可以解释造成差异的原因，则属于可接受范围(世界资源研究所、浙江省应对气候变化和低碳发展合作中心，2015)。

　　例如，初期收集得到长沙市的能耗数据比较粗，只有一次能源分品种消费量、分行业电力消费数据、终端分行业能耗比重和电力输配损失，难以支撑后续的情景分析需求。因此清单编制团队通过比例因子方法估算得到终端分行业分能源品种的能耗量。为了减少估算方法产生的不确定性，清单编制团队根据估算得到的分品种能源消费量以及来自统计局的火力发电、热力加工转换能源消费数据推算分品种一次能源消费量，并将该结果与长沙市统计局提供的分品种一次能源消费量进行对比，确保数据的一致性。这样做的好处是可确保分部门方法和表观能源消费量计算得到的长沙市温室气体排放总量结果的一致性。

　　又如，因为情景分析的需要，需将长沙市交通能耗进行细分。清单编制团队用了两种方法对长沙市交通能耗进行估算。第一种是根据估算得到的能源平衡表计算长沙市营运和非营运交通能耗量（专栏1.6）；第二种方法是基于长沙市汽车拥有量、年均行驶里程和百公里能耗计算长沙市非营运交通能耗，根据交通周转量数据估算长沙市铁路、水运和航空能耗，公交车、出租车、地铁和公路货运能耗数据来自长沙市交运局。将这两种方法计算得到的结果进行比对（图 1.7），可见长沙市非营运交通能耗估算结果较好，而营运交通能耗估算结果差距较大，存在许多未分解能耗。因此清单编制团队在进行情景分析时，采纳了非营运交通能耗的细分数据，营运交通能耗仅单独分析来自长沙市交运局的数据，不再对未知数据进行细分，以免产生巨大不确定性。此外"智慧城市"的建设、大数据应用和建筑能耗在线监测系统建设等，都将有助于减少城市能耗细分数据的不确定性。

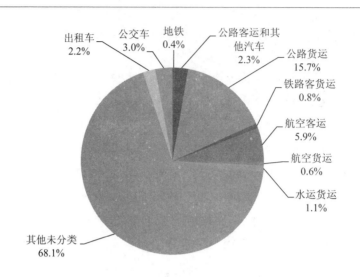

（a）营运交通

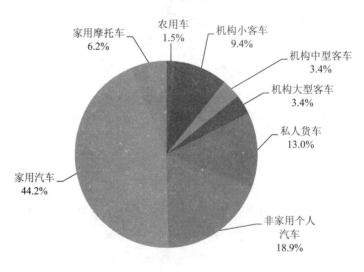

（b）非营运交通

图 1.7　长沙市分交通类型的营运和非营运交通二氧化碳排放量占比（2015 年）

资料来源：ISEE，HILCC，ISC. 2017. 长沙市温室气体排放达峰研究.

1.3.2 工业生产

《中国城市温室气体核算工具指南》已将《省级清单指南》中的 12 个工业生产过程及其活动数据的基本需求、可能的来源整理成表（参见（《中国城市温室气体核算工具指南（测试版 1.0）》表 4.7)，此处就不再罗列。

在确定工业生产过程活动数据收集方案时，可以先从城市统计年鉴、城市国民经济和社会发展统计公报和城市所在省份的统计年鉴中了解城市生产的主要工业产品，据此对城市可能存在排放的工业生产过程进行初步识别，制订活动数据收集方案（确定已有数据和需要调研的数据）。然后，通过对经济和信息化委员会的调研走访，对纳入核算范围的工业生产过程进行最终确认，并收集缺失数据。

以长沙市为例，根据《湖南统计年鉴》数据，长沙市可能产生温室气体排放的工业加工过程包括水泥生产和钢材生产。清单编制团队从长沙市经济和信息化委员会了解到长沙市的钢铁生产主要是对钢材进行来料加工，很少涉及冶炼，故判断这部分排放量不大，加之缺乏计算排放所需活动数据，因此未对钢铁生产过程排放进行计算。长沙市水泥熟料产量数据来自长沙市统计局。

1.3.3 农业活动

关于农业温室气体排放包括稻田 CH_4 排放、农田 N_2O 排放、牲畜肠道发酵 CH_4 排放和动物粪便管理 CH_4 排放和 N_2O 排放。所需活动数据包括各种农作物的种植面积和产量数据、各种动物数量、粪肥和化肥氮施用量、秸秆还田率、动物规模化饲养、农户饲养和放牧饲养比重。

根据长沙市数据收集经验，各种农作物的种植面积和产量数据、各种动物数量都可以从城市统计年鉴中获得。粪肥和化肥氮施用量、秸秆还田率、规模化饲养、农户饲养和放牧饲养比重均需要向长沙市农委进行收集，数据收集结果见表 1.7 和表 1.8。

在农作物方面，玉米和油菜籽是长沙市最主要的农产品，其他农作物的产量相对较小。玉米和油菜籽的粪肥和化肥氮施用量和秸秆还田率均已获得（表1.7），其他农作物的相关数据采用表1.7中所列近似农作物的数据或平均值代替。

为了校验化肥氮施用量估算的合理性，清单编制团队根据各农作物的播种面积和化肥氮施用量计算得到这些农作物的总化肥氮施用量。再根据《长沙统计年鉴》中氮肥的折纯量和复合肥中含氮量的估算得到长沙总的氮肥折纯量。将这两个数据进行对比，根据差值可初步判断化肥氮施用量估算的合理性。

在养殖业，清单编制团队从长沙市农委获得了所有需要的规模化饲养、农户饲养和放牧饲养比重。

表1.7 2015年长沙市农作物粪肥、化肥施用量何秸秆还田率

农作物	粪肥施用量/（t/hm²）	化肥氮施用量/（t/hm²）	秸秆还田率/%
玉米	0.75	0.222	35
油菜籽	0.4	0.14	60
水稻		0.202	
蔬菜		0.090	
茶园		0.030	

资料来源：长沙市农委，2016.

表1.8 2015年长沙市规模化饲养、农户饲养和放牧饲养比重　　　单位：%

动物种类	存栏量（头、只）		
	规模化饲养	农户饲养	放牧饲养
奶牛	70	20	10
非奶牛	50	30	20
山羊	60	30	10

资料来源：长沙市农委，2016.

1.3.4 土地利用变化和林业

土地利用变化和林业既可以是碳源，也可以是碳汇。林业碳排放和碳汇核算

所需数据包括乔木林、疏林、散生木、"四旁树"[①]的蓄积量，竹林、经济林和灌木林的林地面积变化。土地利用变化产生的碳排放或碳汇核算所需数据包括乔木林、竹林和经济林转化为其他用途（农地、牧地、城镇用地、道路等）的年转化面积。这些数据可从林业主管部门、城建部门和统计部门收集。在编制长沙市温室气体清单过程中，长沙市林业局提供了计算所需的所有活动数据，并对选用的参考排放因子进行了确认。

1.3.5 废弃物处理

废弃物处理排放包括垃圾填埋 CH_4 排放和垃圾焚烧 N_2O 排放、生活污水 CH_4 排放、工业废水 CH_4 排放、生活污水和工业废水 N_2O 排放。

废弃物处理排放活动数据可以从垃圾填埋场、垃圾焚烧厂、城市固体废物处理管理处、垃圾填埋场和垃圾焚烧厂的环境评价报告或城市建设统计年鉴中获取。以长沙市为例，2015 年长沙市无垃圾焚烧厂，垃圾的无害化处理方式为填埋。与垃圾填埋相关的活动数据来自长沙市城市固体废物处理管理处。《浙江省市县温室气体清单编制指南（2015）》指出浙江省城市生活垃圾焚烧量可以从《城市建设统计年鉴》或者焚烧厂中获取，危险废弃物焚烧量从《浙江省环境统计年报》中获取，污水污泥的焚烧量从城建部门或环保部门（固废监督管理中心）获取。需要注意的是废弃物的能源利用（如垃圾焚烧发电或转化为燃料使用）产生的温室气体排放应当在能源活动部门估算并报告。垃圾焚烧中非化石废弃物和废水处理污泥的焚烧产生的二氧化碳为生物成因，应作为信息项进行报告。

为避免生活污水 CH_4 排放的重复计算，需要分别收集直接排入环境的生活污水中的 COD 含量和生活污水经污水处理系统去除的 COD 总量，结合 BOD-COD 比值（可采用国家推荐值）计算生活污水中有机物总量（以 BOD 计）。《浙江省市县温室气体清单编制指南（2015）》建议浙江省城市从《浙江省环境统计年报》中获得相关数据。长沙市生活污水 COD 直接排放量可以从《中国环境统计年鉴》

[①] 四旁树指非林地中的村旁、宅旁、路旁和水旁栽植的树木。

中获得，经污水处理系统去除的 COD 总量是根据长沙市工业废水经污水处理系统去除的 COD 总量与工业废水 COD 直接排放量的比值进行估算的。

同理，为避免工业废水 CH_4 排放的重复计算，也需要分别收集直接排入环境的工业废水中的 COD 含量和工业废水经污水处理系统去除的 COD 总量。长沙市工业废水 COD 直接排放量可以从《中国环境统计年鉴》中获得，处理系统去除的 COD 总量来自长沙市环保局。如没有直接排入环境的工业废水 COD 排放量，则可根据《省级清单指南》中给出的计算方法进行计算，即通过各行业直接排入海的废水量和各行业排入环境废水的 COD 排放标准间接计算，可以根据《污水综合排放标准》进行计算。

生活污水和工业废水 N_2O 排放所需活动数据包括人口数量和人均蛋白质消耗量。人口数量可从统计部门获得；人均蛋白质消耗量可从卫生部门或相关文献资料获得。

1.3.6　排放因子数据收集与计算

《省级温室气体清单指南》介绍了确定不同排放因子所需的参数情况，并提供了默认排放因子数值和组成排放因子的参数的默认数值，是目前计算中国省（区、市）温室气体排放广泛引用的排放因子来源。此后，国家质检总局联合国家标准委又发布了一系列分行业温室气体排放核算和报告通则，研究人员也可以从中引用已更新的排放因子数值。此外，在缺乏中国特定排放因子的情况下，IPCC 系列指南中的排放因子参数值也会作为补充数据进行参考。

由于化石燃料燃烧产生的直接碳排放量和电力消费产生的间接碳排放量是城市最主要的温室气体排放源。因此本节主要介绍能源活动碳排放因子的计算方法，其他源类别的温室气体排放因子的缺省值请参考《省级温室气体清单指南》、分行业温室气体排放核算和报告通则、《城市温室气体清单核算工具指南》和《IPCC温室气体清单指南》等。

化石燃料的 CO_2 排放因子是化石燃料的热值、单位热值含碳量、氧化率和碳

转换成 CO_2 的转换系数（CO_2-C 比为 44/12）的乘积。化石燃料的热值、单位热值含碳量和氧化率均可以从已有指南中选取。

在计算长沙市化石燃料燃烧引起的二氧化碳排放量时，清单编制团队根据长沙市统计局使用的能源折标系数和单位标煤的热值计算得到化石燃料的热值。由于长沙市没有自身特定的单位热值含碳量和氧化率数值，根据保守性原则，清单编制团队将《省级温室气体清单指南》和中国分行业的温室气体清单编制和报告指南中的最高值作为单位热值含碳量和氧化率的取值，避免对长沙市能源二氧化碳排放量的低估。根据式（1.5）计算得到不同化石燃料的二氧化碳排放因子，与城市温室气体清单核算工具中提供的缺省值不尽相同（表 1.9）。因此在计算城市温室气体排放量时有必要对排放因子的参数选取过程和计算过程进行记录，以提高透明性和可比性。当有更准确的排放因子时，可以对相应的排放量进行回算更新。

化石燃料的 CO_2 排放因子=化石燃料的热值×单位热值含碳量×氧化率×44/12

$$（1.5）$$

表 1.9　化石燃料燃烧二氧化碳排放因子参数值和计算结果对比

单位：t CO_2/t 或 t CO_2/万 m^3）

能源品种	长沙 CO_2 排放因子	WRI 工具缺省 CO_2 排放因子
原煤	1.900	1.981
洗精煤	2.283	2.405
其他洗煤	1.140	0.955
型煤	1.716	1.950
煤油	3.018	3.033
其他石油制品	2.945	2.527
液化天然气	2.828	2.889

注：表中仅罗列了几种常见燃料用以说明自行计算的城市能源碳排放因子与工具缺省值可能产生的不同，详细资料见附录 1。

除了化石燃料燃烧产生的二氧化碳排放量以外，城市电力消费引起的间接温室气体排放也是重要的排放源。在选取电力二氧化碳排放因子时，通常有两类做法。

第一类做法是直接使用城市所在电网（六大电网）的平均碳排放因子或城市所在省份的电力平均碳排放因子，该方法计算简便，但无法体现不同城市发电技术对电力碳排放的影响。

第二类做法是综合考虑城市本地电力生产产生的碳排放量和调入或调出电力的碳排放量，计算出城市综合电力碳排放因子。该算法符合《省级清单指南》中对电力碳排放核算的规定。《省级清单指南》要求计算本地电力产生引起的碳排放量[①]、从电网调入电力所蕴含的碳排放量、本地区电力调出所蕴含的碳排放量。由此可得，城市综合电力碳排放因子计算公式见式（1.6）。

城市综合电力碳排放因子=

$$\frac{\begin{matrix}本地电力生产引起\\的碳排放量\end{matrix}+\begin{matrix}从电网调入电力所\\蕴含的碳排放量\end{matrix}-\begin{matrix}本地电力调出所\\蕴含的碳排放量\end{matrix}}{本地电力生产量+从电网调入电力量-本地电力调出量} \quad (1.6)$$

如果城市有能源平衡表，则本地电力生产引起的碳排放量可根据"加工转换—火力发电"中投入的各种化石燃料消费量和其对应的碳排放因子的乘积计算。从电网调入的电力可分为从外省（区、市）调入量和进口量，本地电力调出量可分为本省（区、市）调出量和出口量，这些数据均可从城市能源平衡表中获得，然后乘以对应的电力碳排放因子即可获得相应的碳排放量。如果可以区分调入和调出电力产自哪个具体的发电设备或发电厂，则使用基于设备和电厂的电力排放因子。如果无法区分，则外省（区、市）调入电力可以采用省级电网平均电力碳排放因子，进口电力采用相应国家的平均电力碳排放因子，本地调出电力采用本地生产电力的平均电力碳排放因子。国家已发布 2011 年和 2012 年省级电网平均电力碳排放因子（附录 1），本地生产电力碳排放因子用本地电力生产引起的碳排放量除以产出的电量即可得到。

[①]《省级清单指南》要求将本地电力生产引起的碳排放计入"能源活动—化石燃料燃烧—能源工业—电力生产"中。

如果城市没有能源平衡表，则需要从电力部门获取相关数据。

需要注意的是，随着电力市场化推进，城市将逐步了解本地区消费的电力是来自本地机组还是其他城市的机组，是来自清洁能源发的电还是传统化石能源发的电。届时，城市应按照电力的具体来源计算电力碳排放量和电力平均碳排放因子。

城市获得电力平均碳排放因子后，各部门就可以按照消费的电量计算相应的碳排放量。

1.4 温室气体排放结果分析

正如本书 1.2.3 节所述，城市温室气体排放报告的内容逐渐趋向于对清单结果的分析。按照目的划分，可分为量化基准（本书 1.4.1 节）、现状对标（本书 1.4.2 节）和找准短板（本书 1.4.3 节）。

第一，量化基准。量化基准旨在分析和识别城市自身的碳排放特征，包括现状和历史排放趋势分析（本书 1.4.1 节专栏 1.8 和专栏 1.9）。常用指标包括城市碳排放总量、人均碳排放量、碳排放强度和分行业碳排放量化指标。常用的工具包括温室气体清单编制指南和库兹涅茨曲线等。此外，还应结合城市实际，确定碳减排考核的基准年，并追踪城市碳减排指标落实情况（本书 1.4.1 节专栏 1.10）。

第二，现状对标。现状对标旨在通过与国内外城市碳排放情况进行对比，识别出城市自身温室气体排放水平所处的位置，为制定后续城市低碳发展目标提供参考。现状对标可分为区域对标和行业对标。在区域对标中，常用人均碳排放指标表征城市或地区整体碳排放水平（本书 1.4.2 节专栏 1.11），用单位 GDP 碳排放量表征城市或地区的碳强度（本书 1.4.2 节专栏 1.12）。行业对标指针对特定部门进行对标，例如，能源部门、交通部门、建筑部门和工业分行业等（本书 1.4.2 节专栏 1.13）。城市在选择类比对象时，需要注意可比性，例如，城市人口规模、产业结构特点、资源禀赋等。

第三，找准短板。找准短板需在量化基准和现状对标的基础上进行，例如，城市可根据城市碳排放特征，识别碳减排的重点领域；根据城市碳排放趋势追踪城市碳减排指标落实情况；通过精准对标识别城市整体及各部门的碳减排潜力。城市还可以通过因素分解法，识别影响城市碳排放的主要驱动力，初步识别碳减排政策（本书 1.4.3 节专栏 1.14 和专栏 1.15）；通过 SWOT 分析识别城市实现低碳经济转型的主要内部优势、劣势和外部的机会和威胁等，更有针对性地筛选可行对策（本书 1.4.3 节专栏 1.16）。

1.4.1 量化基准

温室气体排放清单编制是量化基准的数据基础。城市需要按照特定的温室气体清单报告格式制作温室气体排放清单。目前国内城市常用的格式为《省级清单指南》中列出的清单表格格式，从国际上看，GPC 报告格式是最广泛采用的格式。《省级清单指南》报告格式可以使中国城市与所在省保持一致的格式，增强可比性，而 GPC 报告格式可以提高国内外城市间的可比性。此外，城市也可以根据报告阅读对象灵活选择报告格式（如 1.2.3 节中的表 1.4 城市温室气体排放总量报告格式）。综上所述，城市可以结合政府的要求和阅读者的需求选择合适的报告格式，在数据翔实的基础上均可以快速实现。

量化基准的目的包括：

- 对城市温室气体排放历史和现状进行量化（专栏 1.8）；
- 识别城市分部门碳排放特征（专栏 1.9）；
- 确定城市碳减排考核的基准年，并追踪碳减排目标实现进度（专栏 1.10）。

专栏 1.8 深圳碳排放总量分析案例

深圳市报告采用列表的方式展示了 2011—2013 年深圳市碳排放总量、人均碳排放总量和单位 GDP 碳排放量（表 1.10）。其中，碳排放总量和人均碳排放水平均呈现上升趋势。2013 年深圳市人均碳排放量达到 6.09 t CO_2/人，高于北京市，低于上海市和广州市水平。深圳市单位 GDP 碳排放量连年下降，2013 年降至 0.506 t CO_2/万元，在全国处于减排先进水平。

表 1.10 2011—2013 年深圳市主要碳排放指标

指标	单位	2011 年	2012 年	2013 年
碳排放总量	万 t CO_2	6 106.2	6 240.4	6 478.4
人均碳排放量	t CO_2/人	5.83	5.92	6.09
单位 GDP 碳排放量	t CO_2/万元	0.579	0.538	0.506

注：碳排放总量包括化石能源消费直接碳排放及净调入电力间接碳排放，人均碳排放量按常住人口计算，单位 GDP 碳排放量按 2010 年不变价计算。
资料来源：绿色低碳发展基金会，北京大学深圳研究生院.2016. 深圳碳减排路径研究.

专栏 1.9 长沙市分部门碳排放结构分析

除了分析城市总体碳排放趋势外，城市也需要对分部门的碳排放进行深入分析。这里以长沙市交通碳排放特征分析为例。根据图 1.8（a）可知，大交通是长沙市第二大碳排放源。根据图 1.8（b）可进一步了解到在大交通碳排放中，营运交通和非营运交通碳排放分别占 65.9% 和 34.1%。图 1.8（c）将非营运交通进行了细分，可以看出家用汽车、其他私家客货车和机构客车等交通工具的碳排放占比情况，有助于制定针对特定部门的低碳发展政策。

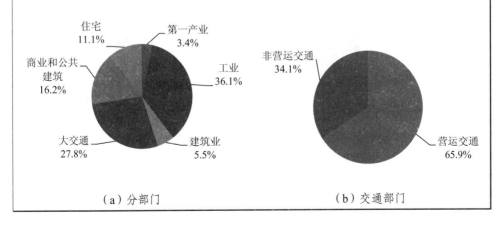

（a）分部门　　　　　　　　（b）交通部门

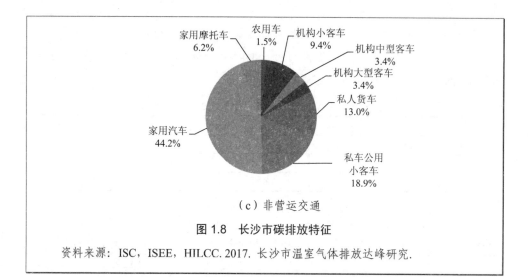

（c）非营运交通

图 1.8　长沙市碳排放特征

资料来源：ISC，ISEE，HILCC. 2017. 长沙市温室气体排放达峰研究.

专栏 1.10　纽约市碳减排进度分析

　　对于已制定温室气体减排目标的城市，温室气体清单结果还可用于追踪减排目标完成进度（图 1.9）。这里以纽约市为例。纽约市制定了 2030 年比 2005 年减排 30% 的目标。通过对纽约市多年温室气体排放量数据的核算可知，截至 2011 年，纽约市已实现温室气体减排 16%，即用 6 年时间完成了超过一半的减排目标。由此可见，纽约市很有可能提前实现减排 30% 的目标。

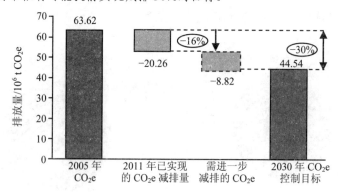

图 1.9　纽约市温室气体减排进度概览

资料来源：The New York City. 2012. New York Greenhouse Gas Inventory 2012.

1.4.2 现状对标

现状对标旨在通过与国内外城市碳排放情况进行对比，识别出城市自身温室气体排放水平所处的位置，为制定后续城市低碳发展目标提供参考。

现状对标可分为区域对标和行业对标。

（1）区域对标

旨在分析和识别城市或地区总体碳排放水平所处的位置，常用的指标包括人均碳排放量（专栏 1.11）和单位 GDP 碳排放量（专栏 1.12），分别用以表征城市或地区总体碳排放水平和碳排放强度。城市在选择类比对象时，需要注意可比性，例如，城市人口规模、产业结构特点、资源禀赋等。

专栏 1.11　国内外城市人均温室气体排放水平对标

纽约市在其温室气体清单报告中，就将其自身人均温室气体排放水平与国内外城市进行了对比（图 1.10）。在 C40 城市中，纽约市人均排放水平相对较低，尤其远低于美国其他城市。纽约市高密度的建筑环境和完善的公交系统是使其人均排放量远小于美国其他城市的重要因素。

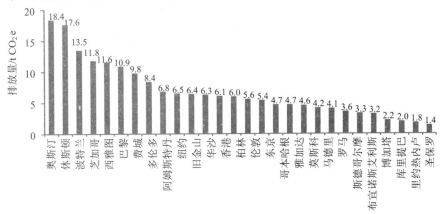

图 1.10　城市间人均温室气体排放量对比

资料来源：The New York City. 2012. New York Greenhouse Gas Inventory 2012.

专栏 1.12　国内外城市碳排放强度对标

　　图 1.11 展示了 2013 年国际主要城市和国内万元 GDP 碳排放量最低的 10 个城市的碳排放强度水平。从对比中可看出，中国内地城市的碳排放强度普遍高于国际发达城市。中国碳排放强度最低的大连市，其万元 GDP 碳排放量也是巴黎的 4.1 倍、旧金山和纽约的 2.9 倍、伦敦的 2.2 倍、新加坡的 2.0 倍和香港的 1.9 倍。当然，这和中国城市所处的发展阶段息息相关。也意味着中国城市有着较大的碳减排潜力。

　　需要注意的是，在进行国际经济碳强度对比时，需要将各国的货币单位换算成一个统一的货币单位进行比较。2011 年不变价国际元是常用的换算货币，转换系数可以从世界银行数据库获取。

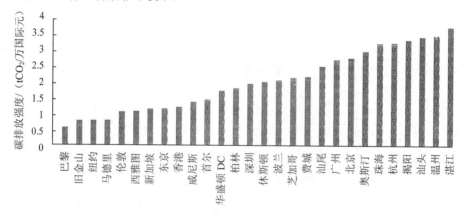

图 1.11　2013 年国内外城市碳排放强度比较

　　注：由于缺乏中国城市能耗详细数据，图 1.11 中的中国城市碳排放量是按照总能耗乘以单位能耗碳排放系数 2.5 进行估算的，若有详细能耗数据，可按照 1.2 节和 1.3 节中的方法进行计算。

　　资料来源：上海环球可持续研究中心（ISEE）研究资料。

（2）行业对标

　　旨在分析和识别城市分行业低碳发展水平所处的位置，如能源部门、交通部门、建筑部门和工业分行业等。常用的指标包括分行业单位增加值碳排放、单位产品碳排放、百千米碳排放、可再生能源比重等。城市需要根据不同的行业，选择相应的指标进行对比。美国劳伦斯伯克利国家实验室开发的工具 Best Cities 可帮助城市进行分行业低碳水平对标（专栏 1.13）。

专栏 1.13   分部门对标案例——城市低碳发展政策选择工具（Best Cities）

BEST Cities 包含了 33 项覆盖工业、公共建筑、居住建筑、交通、电力与热力、公共照明、固体废弃物、水与废水、城市绿地等九大行业的低碳指标（关键绩效指标，KPI），并包含约 300 个城市数据的数据库，供城市进行对标。

BEST Cities 工具可以通过人口、气候区、人类发展指数（HDI）和工业占全市生产总值（GDP）比重等几个类别筛选用于比较的城市。用户城市在图中以金黄色柱体显示，筛选出的比较城市则以紫色柱体显示。手动选择（未筛选）的比较城市在图中以蓝色柱体显示。图 1.12 展示了"电力与热力"行业的基准化分析范例：可再生能源占本地供电量的比重（%）。数据库中很多城市都没有该项数据，所以不进行筛选。A 市的可再生能源所占比重为 10%，高于上海的 2%，但不及广州和德里的 12% 以及孟买的 21%。

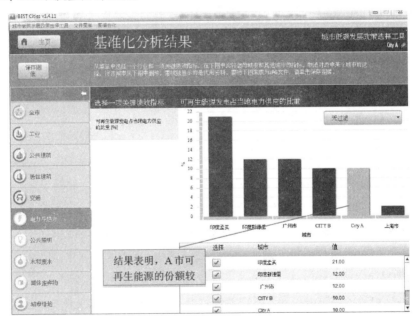

图 1.12   基准化分析结果－可再生能源发电占当地电力供应的比重

资料来源：美国劳伦斯伯克利实验室. Best Cities 城市低碳发展政策选择工具软件用户指南.

1.4.3　找准短板

找准短板旨在有针对性地识别和筛选低碳发展政策。

找准短板通常在量化基准和现状对标的基础上进行。通过量化基准，城市可根据城市碳排放特征，识别碳减排的重点领域；根据城市碳排放趋势追踪城市碳减排指标落实情况。通过精准对标，城市可以识别整体及各部门的碳减排潜力。这些都可以帮助城市初步识别和筛选政策实施的重点领域和可能的策略。

城市还可通过分析影响城市碳排放的主要驱动力，考察城市不同驱动因子或既有政策对城市历史碳排放趋势的影响。

专栏1.14列举了目前常用的因素分解法。专栏1.15以纽约市为例，说明城市如何在清单报告中对各碳排放影响因素进行报告。

通过SWOT分析识别城市实现低碳经济转型的主要内部优势、劣势和外部的机会和威胁等，更有针对性地筛选可行对策（本书1.4.3节专栏1.16）。城市可以就这些筛选出的政策进行情景分析，以识别出什么样的政策组合可以实现碳排放达峰目标。

关于达峰情景分析的内容，见本书第2章。

专栏 1.14　广州市碳排放驱动因素分析

因素分解法主要分为指数分解法（Index Decomposition Analysis，IDA）和结构分解法（Structural Decomposition Analysis，SDA）两大类。其中，LMDI因素分解法（IDA的一个分支）由于具有全分解、无残差、易使用，以及乘法分解与加法分解的一致性、结果的唯一性、易理解等特点，使用最广泛（绿色低碳发展基金会、北京大学深圳研究生院，2016）。

为评估广州市碳排放主要驱动因素，孙维等（2016）利用对数平均Divisia因素分解法（LMDI）分解技术对广州市产业碳排放进行分解。无论是乘法分解方法

（表 1.11），还是加法分解方法（表 1.12），均显示广州市三次产业碳排放量 2005—2013 年快速增长，其中，经济增长（这里指人均 GDP 提高）是导致碳排放增加最主要的因素，其次是人口规模。而能源强度下降是减少碳排放最主要的因素，其次是产业结构调整和能源结构调整。

结合上述分析可知，城市若要实现碳排放达峰，则理想的做法是控制经济增速和人口规模，进一步降低能源强度、调整产业结构和优化能源结构。然而，现实情况下，城市可能仍需发展经济，但可以选择适度的经济增速，从追求经济增速转向关注经济增长的质量；城市人口规模不完全受政策调控，且需要引进大量人才支撑经济发展；城市进一步降低能源强度的成本和障碍可能较之前更高；城市可再生资源禀赋不尽如人意，但可以投资和购买可再生能源，例如，绿电和生物燃料等。因此，城市需要结合自身特点，选择合适的低碳发展政策。

表 1.11　2005—2013 年广州市产业碳排放因素分解（乘法）

时间	人口规模	人均 GDP	产业结构	能源强度	碳排放强度
2005—2010	1.34	1.40	0.96	0.76	0.91
2010—2013	1.02	1.35	0.96	0.88	1.01
2005—2013	1.35	1.88	0.92	0.67	0.93

资料来源：孙维，余卓君，廖翠萍.2016. 广州市碳排放达峰值分析.

表 1.12　2005—2013 年广州市产业碳排放因素分解（加法）

时间	碳排放变化/万 t					贡献率/%				
	人口规模	人均 GDP	产业结构	产业能源强度	碳排放强度	人口规模	人均 GDP	产业结构	产业能源强度	碳排放强度
2005—2010	3 358	3 943	−423	−3 226	−1 051	129	151.6	−16.2	−124	−40.4
2010—2013	229	4 187	−583	−1 817	−83	11.8	216.6	−30.2	−94	−4.3
2005—2013	3 814	7 653	−1 021	−5 014	−963	79.9	166.7	−21.4	−105	−20.2

资料来源：孙维，余卓君，廖翠萍.2016. 广州市碳排放达峰值分析.

专栏 1.15　纽约市碳减排影响因素分析

　　2011 年纽约市温室气体排放量比 2005 年下降了 16.1%。纽约市在其清单报告中对各种因素对减排的影响进行了量化分析（见图 1.13）。例如，人口和建筑面积的增长促使 2011 年纽约市碳排放较 2005 年增加了 274 万 t CO_2e，而电力的低碳化发展使纽约碳排放较 2005 年减少了 701 万 t CO_2e 等。

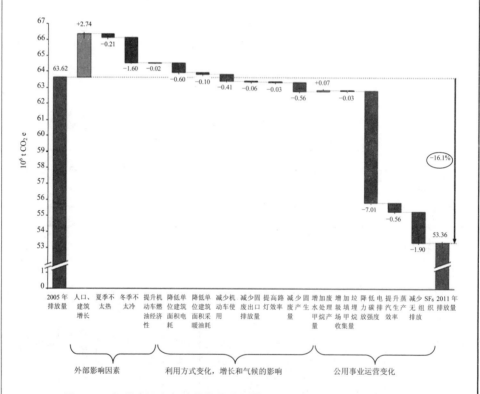

图 1.13　纽约市温室气体排放量变化情况（2006 财年—2011 财年）

资料来源：The New York City. 2012. New York Greenhouse Gas Inventory 2012.

　　图 1.14 是一个简单的 SWOT 分析示例图。该图分析了长沙市实现碳排放达峰的优势、劣势、机会和威胁。从政策选择上，长沙市需要做的是如何发挥自身优势，牢牢把握机会，规避或弥补劣势和威胁。例如，针对长沙市非化石能源占比低且光伏等新能源补贴逐步下降等不利因素，长沙市可以运用 PPP 模式、绿债和开发银行贷款的机会加速本地新能源布局，以实现 2025 年非化石比重达到 20% 的目标。从达峰目标考核来说，长沙市虽然确定了达峰年份，但由于部分基础性工作的缺失，温室气体排放清单尚未编制，与低碳发展相适应的统计体系尚未建立，达峰路径中各部门贡献率不明确，低碳指标分配及考核体系均未建立，这样很不利于部门协调和指标分配落实，建议应对气候变化主管部门牵头完善碳指标考核体系。

图 1.14　长沙市碳排放达峰 SWOT 分析示例

资料来源：上海环球可持续研究中心（ISEE）项目资料。

1.5 清单编制常态化

由图 1.15 可知，国际上，许多城市已将温室气体清单编制常态化，连续编制了多年清单；在国内，浙江省率先推行省-市-县三级温室气体清单常态化编制。

清单编制常态化对城市制定低碳发展目标、选择低碳发展路径、进行碳资产管理以及追踪低碳化进展至关重要。清单编制常态化并不仅仅是简单地重复既有清单编制流程，而是在经验积累的基础上，对其进行优化，这样才能更好地为城市低碳发展服务。

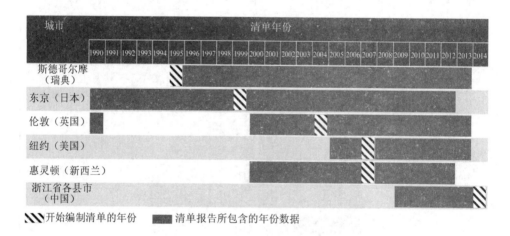

图 1.15　各国清单编制年份汇总

资料来源：世界资源研究所，浙江省应对气候变化和低碳发展合作中心. 2015. 城市温室气体清单编制与应用的国内外经验.

第一，缩短清单更新时滞，即时追踪城市碳排放目标完成情况。例如，斯德哥尔摩从 1995 年开始编制清单，起初是每 4～5 年编制一次清单，2007 年开始每年编制清单；浙江各市（县）的温室气体清单更新也仅滞后一年。图 1.16 展示了浙江省省-市-县清单数据准备情况和时间进度安排，可供参考。

第二，完善和细化清单数据，为城市低碳发展提供翔实的数据基础。东京早期的清单只涉及能源消费，后来逐渐加入了其他部门的排放。此外，东京对各领域的排放进行了细分。例如，建筑领域按照用途分为办公场所、商场、零售店、餐厅、学校、医院等。细分数据为识别东京减排潜力提供了很好的数据基础。

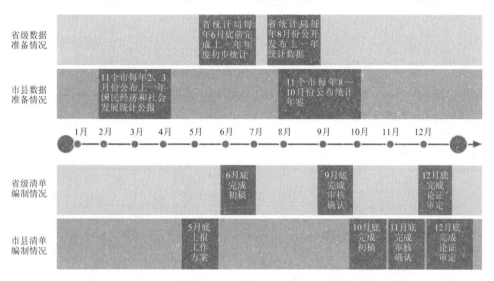

图 1.16　浙江省省-市-县清单数据准备情况和时间进度安排

资料来源：浙江省应对气候变化和低碳发展合作中心，世界资源研究所. 2015. "量身定碳". http://www.wri.org.cn/ node/41328.

第三，完善清单编制配套措施，推动清单编制常态化。浙江省不仅在省级层面对省-市-县温室气体清单编制工作进行了统一的工作部署（图 1.16），而且建立了高效的跨部门协调机制（表 1.13），以扫除数据获取障碍；发布了《浙江省市县温室气体清单编制指南》，统一清单编制技术规范；实现区县发改局-市发改委-省发改委多级评审，并将省-市-县清单按时提交情况和评审结果纳入浙江省生态省考核和县区市碳强度降低目标责任评价考核中，并且占到15%的分值；创建"浙江省气候变化研究交流平台"，整合清单编制、评审和分析三大功能，实现全过程支撑；着重培养本地清单编制机构，组建专家库，投入财政资金以保证清单编制常态化工作顺利实施。

表 1.13　浙江省市级清单编制分工

专项编制小组	牵头单位	配合单位	指导单位
综合	市发改委	市财政局 市统计局	浙江省气候低碳中心
能源活动领域	市发改委	市统计局　市经信委 市商务局　市公安局 市交通局　市农业局 市国资委　市市场监管局 油气公司	浙江省气候低碳中心 浙江省发展规划研究院
工业生产过程领域	市经信委	市统计局 市国资委	浙江省气候低碳中心 浙江工业大学
农业活动领域	市农业局	市统计局	浙江省气候低碳中心 浙江省农科院
土地利用变化与 林业领域	市林业局	市国土资源局 市统计局	浙江省气候低碳中心 浙江省林科院
废弃物处理领域	市环保局	市统计局 市建委	浙江省气候低碳中心 浙江省环保科学设计研究院
市县温室气体清单系统	市发改委	市统计局	浙江省气候低碳中心

资料来源：浙江省应对气候变化和低碳发展合作中心，世界资源研究所. 2015. "量身定碳". http://www.wri.org.cn/ node/41328.

第四，减少清单编制费用。由图 1.17 可知，国外城市每年清单编制费用大多在 40 万元以下，其中有 2 个城市超出这个数额，有 7 个城市表示清单编制人员全部为政府内部工作人员，不需要额外资金对清单编制进行支持（如伦敦等）（世界资源研究所、浙江省应对气候变化和低碳发展合作中心，2015）。由于国内城市温室气体清单编制刚起步，且存在数据基础较差的问题，因此国内清单编制均需要资金的投入，费用在 30 万~40 万元/年。但是如果城市的数据基础太差，且需要编制一份内容翔实的清单，则费用可高达 120 万元（如中国西北部某城市）。为了提高城市数据可得性和数据质量，省（区、市）需共同努力，在统计体系完善方面投入科研资金，从而降低清单编制费用，提高清单编制质量。

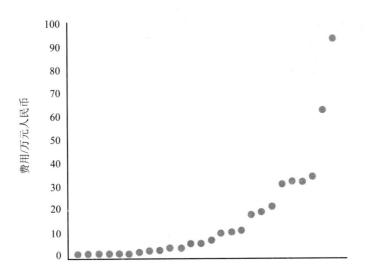

图 1.17　国内外编制清单所需费用

资料来源：世界资源研究所等. 2015. 城市温室气体清单编制与应用的国内外经验.

　　第五，促进信息公开。将清单报告结果进行公开，通过一张图的形式向公众宣传碳本底和低碳达峰行动，是对城市达成低碳目标共识非常重要的环节。各部门在民意的推动下，也能够高效协调配合，共同完成清单数据收集和每年的更新工作。

第2章
达峰情景模块

INSTITUTE FOR
Sustainable
Communities
可持续发展社区协会

中国作为负责任的大国，已经在国家自主贡献文件中提出了二氧化碳排放 2030 年左右达到峰值并争取尽早达峰的目标，国家鼓励城市根据自身情况制定更为积极的目标，实现提前达峰，并尽可能降低峰值。

目前，中国已颁布了三批低碳城市试点名单。在 2017 年颁布的第三批试点名单（表 2.1）中，共有 45 个城市入围。在这些城市中，只有一个城市的目标达峰年为 2030 年，其余城市均提出了比全国目标更积极的峰值年目标。其中，77.8% 的城市（35 个）的目标峰值年都设定在了 2025 年或更早，13.3% 的城市更提出了在 2020 年前实现达峰的目标。烟台市的目标峰值年是最早的，预计在 2017 年达到峰值。城市在达峰方面表现出的积极姿态值得肯定，但是提出的达峰目标和达峰路径还需进行深入研究。

城市的碳排放轨迹不仅与城市未来的发展路径息息相关，也与城市过去的政策选择有关。对经济发达城市来说，城市既有的基础设施和产业结构都会对城市的碳排放产生"锁定"效应，并不是可以迅速改变的。而对于欠发达城市来说，虽然后发优势给其提供了实现提前达峰的机遇，但也承载了东部产业转移和经济发展的压力。欠发达城市能否实现真正的达峰，还需要进行更长时间尺度的情景分析，例如，峰值目标实现后，未来是否会因为经济的快速发展而引起碳排放的反弹。

能源活动引起的碳排放是城市最主要的碳源，本章通过介绍城市能源碳排放达峰情景分析相关内容，帮助城市回答其所关心的达峰相关问题：

- 城市能否率先达峰?

- 达峰总量是多少?是低峰值,还是高峰值?

- 达峰目标如何分解?

表 2.1 第三批试点城市目标达峰年份汇总

峰值年	试点城市	城市数量/个
2017	烟台市	1
2019	敦煌市	1
2020	金华市、黄山市、济南市、吴忠市	4
2021—2024	伊宁市、南京市、衢州市、常州市、嘉兴市、吉安市、长阳土家族自治县、逊克县、合肥市、拉萨市、中山市*	11
2025	乌海市、大连市、朝阳市、淮北市、宣城市、潍坊市、长沙市、株洲市、三亚市、琼中黎族苗族自治县、成都市、普洱市思茅区、兰州市、西宁市、银川市、昌吉市、和田市、第一师阿拉尔市	18
2026—2028	抚州市、柳州市、沈阳市、三明市、共青城市、郴州市、湘潭市、玉溪市、安康市	9
2030	六安市	1
总数		45

注:* 中山市提出的峰值年为 2023—2025 年。

达峰情景分析的核心是研究碳排放变化趋势。该趋势总体上是由两个综合变量决定的,一个是发展的规模,另一个是发展的碳强度。发展规模是由发展刚性需求(人口规模、发展速度、城镇规模、工商业规模等因素)决定的,而发展碳强度则是由发展特质(产业结构、能源结构、能耗水平和技术水平等因素)决定的。达峰模拟的核心数据就是一系列复杂影响因素在基准年现状值和情景年预测值的区间内随年份变化的数值集合。

通常我们基于发展规模和发展碳强度两个基本变量采取的情景设定步骤如图2.1 所示。

情景设置   参数设置   情景计算

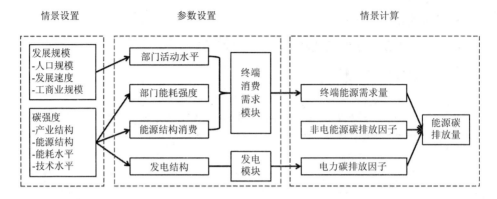

图 2.1　能源碳排放情景设定步骤

注：资料来源于 2018 年《湘潭市达峰研究报告》。

2.1　能源碳排放情景分析工具选择

上文提到能源需求与碳排放主要与经济总量、产业结构、人口规模、城镇化率、生活水平和能源结构等多种影响因素息息相关，城市未来碳排放趋势存在较大不确定性，难以准确预测。通常的解决方案是设置多个情景，探讨在不同发展路径下城市可能的碳排放轨迹，并从中选取一条符合城市碳排放达峰需求的路径，以此制定城市低碳政策和措施。

目前，用以模拟城市未来能源碳排放趋势的模型有很多，主要分为三类：自上而下模型、自下而上模型和混合模型（表 2.2）。

不同类型的模型都有特定的优点和局限之处，对城市来讲，需要结合数据可得性、人力物力资源、政府各部门的协调支持力度等因素选择最适合自身条件的模型。

在上述这些模型中，LEAP 软件提供了更灵活的情景分析框架，已在全世界150 多个国家中得到了广泛应用。研究人员可以根据数据可得性和研究目的，应用 LEAP 软件构建简单的情景分析模型，或构建基于详细技术的情景分析模型。

LEAP 软件是由瑞典斯德哥尔摩环境研究所（Stockholm Environment Institute，SEI）美国中心开发的一个用于能源政策分析和减缓气候变化评估的有效工具。该软件可以帮助人们从能源终端消费需求、能源加工转换到能源供应三个模块进行系统的能源碳排放情景分析。

表 2.2　城市能源碳排放模拟工具分类

类型	特点	优点	局限	典型模型
自上而下模型	采用经济学方法，利用大量数据进行预测，通过经济指标决定能源需求	反映了被市场接受的可行技术，便于进行经济分析	数据需求高，不能详细地描述技术的变化，不能控制技术进步对经济的影响，可低估技术进步的潜能	CGE、MARCO 等
自下而上模型	利用分散的数据详细描述能源供给技术，充分反映技术和能源需求对能源系统的影响	可对技术进行详细描述，可直接评价技术选择的成本	忽略了能源部门和其他部门的关系，很难收集到所有能源技术的数据，只能用关键技术来代替，可高估技术进步的潜能	LEAP、MARKAL 等
混合模型	联合使用自上而下和自下而上模型	形成优势互补	数据需求高，人力、物力和时间资源需求高	MARCAL-MACRO、IPAC 等

注：CGE——Computable General Equilibrium，一般均衡模型；

　　MACRO——由 Manne 等研发的宏观经济模型；

　　LEAP——Long-range Energy Alternatives Planning，长期能源替代规划系统；

　　MARKAL——Market Allocation of Technologies Model，技术市场分配模型；

　　IPAC——中国能源环境综合政策评价模型。

资料来源：绿色低碳发展基金会，北京大学深圳研究生院. 2016. 深圳碳减排路径研究.

美国劳伦斯伯克利国家实验室中国能源研究室基于 LEAP 软件开发了一个专门针对中国省级和市级的能源政策分析和温室气体排放评估的应用框架——GREAT 模型（Green Resources and Energy Analysis Tool，绿色资源和能源分析工具）。城市可以在 GREAT 模型基础上，根据城市数据可得性对该模型进行二次开发，以满足城市能源碳排放达峰情景分析的需求。例如，绿色低碳发展基金会和北京大学深圳研究生院（2016）基于 GREAT 模型，结合深圳实际调研数据构建了 LEAP-深圳碳排放情景分析模型（以下简称 LEAP-深圳模型），可持续发展社区协会（ISC）和上海环球可持续环境与能源研究中心（ISEE）基于 GREAT 模型，结合长沙数据可得性，构建了 LEAP-长沙碳排放情景分析模型（以下简称 LEAP-长沙模型）；ISC 和 ISEE 在 LEAP-长沙模型上提升数据质量，进一步开发了 LEAP-湘潭模型。

2.2 GREAT 模型框架与二次开发

GREAT 模型的结构如图 2.1 所示。与多数 LEAP 应用一样，GREAT 采用树状结构，分为四大部分或分支：①主要的假设条件，②需求，③转换和④资源，提供了一个基于层次分析和终端应用建模的省级、市级能源消费和碳排放分析的应用框架[①]。其中，对城市能源碳排放情景分析而言，"需求"和"转换"部门是最重要的 2 个部门。

"主要假设条件"部分通常包括系统分析和建模所需的假设和重要数据。GREAT 工具设计了三类主要假设条件：输入变量、导出变量以及控制变量。其中，输入变量和控制变量对于建立一个能源和排放情景分析的模型通常是必需的，而导出变量是由输入变量计算。

"需求"部分主要对各种终端应用的能源需求和排放进行建模和分析，对于多数简单应用而言这是最重要的一部分。针对中国省、市的实际情况，GREAT 设计了以下主要分支：生活用能、商业用能、交通用能、工业用能、农业用能。

"转换"部分主要处理各种能源之间的转换，例如利用煤等一次能源发电。这一部分和省（市）的具体能源需求与供应情况有很大的关系，一般需要具体问题具体分析。

"资源"部分主要用于分析系统涉及的各种一次资源和二次资源储量、产量以

---

① 关于 GREAT 的详细描述，参见美国劳伦斯伯克利国家实验室编写的《GREAT 能源分析工具》指南。

及进出口之间的关系。

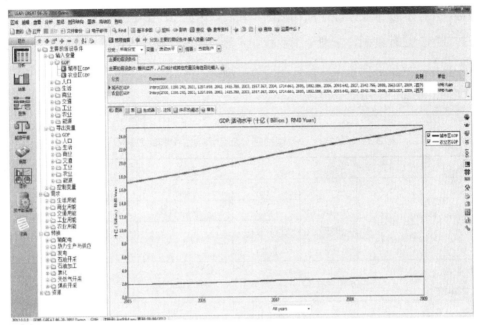

图 2.2　GREAT 模型结构

资料来源：美国劳伦斯伯克利国家实验室，GREAT 能源分析工具．

2.2.1　终端需求部门

LEAP 软件和 GREAT 模型计算城市碳排放的基本原理见式（2.1）。

$$终端用能部门碳排放 = 活动水平 \times 能源强度 \times 碳排放因子 \tag{2.1}$$

由式（2.1）可知，终端用能部门的碳排放水平主要与活动水平、能源强度和碳排放因子相关。由于非电能源的碳排放因子通常比较稳定（可在 LEAP 的碳排放因子库中选取或自定义），所以碳排放因子对碳排放水平的影响主要在于能源结构调整以及低碳电力的发展。影响碳排放的主要因素包括活动水平的驱动因子（如 GDP 规模、人口规模、生活水平提高等）、能效提高、清洁能源替代和清洁电力发展。

表 2.3 以 LEAP-长沙模型为例，说明各部门对应的活动水平指标和能源强度
指标。由于长沙工业分行业能耗数据不翔实，因此 LEAP-长沙模型仅对工业总能
耗排放趋势进行刻画，未细分工业行业。然而工业是碳排放的重点部门，因此若
数据可得，应尽量细化工业分行业的情景描述。专栏 2.1 介绍了 LEAP-深圳模型
对深圳工业部门采用的分类方式。

表 2.3　LEAP-长沙模型终端分部门活动水平和能源强度指标

部门	子部门			活动水平	能源强度
居民生活	住宅用能	分为城镇和农村	照明	住房面积	单位面积照明电耗
			家电	家电拥有量	单个家电年耗电/耗气量
			其他非电燃料	人口	人均非电燃料有用能消耗量和设备能效
商业和公共建筑	分建筑类型			建筑面积	单位面积能耗
交通	城市内客运	公交车		车千米	百千米能耗
		地铁		列千米	每千米电耗
		出租车		车千米	百千米能耗
		个人汽车	家用汽车	车千米	百千米能耗
			非家用汽车	车千米	百千米能耗
		摩托车		车千米	百千米能耗
		电瓶车		车千米	百千米电耗
		机构用车		车千米	百千米能耗
	汽车货运	营运货车		吨千米	吨千米能耗
		非营运货车		车千米	百千米能耗
	其他营运交通			交通活动指数	综合运输周转量能耗指数
工业	工业生产			工业增加值	单位增加值能耗
建筑业	建筑施工			建筑施工面积	单位施工面积能耗
农业	农业生产			农业增加值	单位增加值能耗

专栏2.1　工业行业模型构建举例

GREAT将工业分为：钢铁工业、水泥工业、制铝（有色金属）工业、造纸工业、玻璃工业、制氨工业、自来水生产与供应、化工、制造业及其他工业。其中，除了化工和制造业及其他工业由于产品种类众多而采用经济能源强度（例如单位工业增加值能耗）外，其他工业基于主要产品的物理能源强度（例如吨钢综合能耗）计算能耗。这样做的一个好处是便于直接参考针对高能耗产品的能耗限制值、能效标识等国家和行业标准。

为了在情景分析中体现各类减排技术的减排贡献，LEAP-深圳模型未直接采用GREAT中采用的工业行业分类方式，而是按照减排技术类型将制造业细分为10种用能类型，包括温控技术、照明技术等（图2.3）。

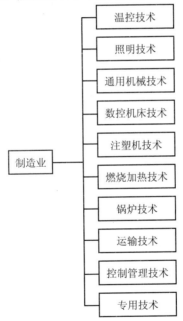

图2.3　LEAP-深圳模型中工业行业分类

资料来源：绿色低碳发展基金会，北京大学深圳研究生院. 2016. 深圳碳减排路径研究.

综上所述，城市可根据自身的研究需求，选择合适的分类方法，对GREAT模型进行二次开发。

2.2.2 能源加工转换部门

能源加工转换部门指将能源经过一定的工艺流程生产出新的能源产品的部门，包括火力发电、供热、洗选煤和炼焦等。城市能源平衡表中统计了各加工转换过程中投入和产出的各种能源数量。城市可就此计算能源加工转换过程中产生的碳排放量。

在能源加工转换部门中，电力加工转换是最大的排放源。LEAP 软件和 GREAT 模型计算电力碳排放的基本原理见式（2.2）。

电力系统碳排放=

$$\frac{发电装机容量\times年平均发电小时数\times电力当量热值}{发电效率}\times燃料碳排放因子 \quad （2.2）$$

由式（2.2）可知，通过设定不同发电方式的装机容量、平均发电小时数、能源转换效率和燃料排放因子即可计算城市本地电力生产产生的碳排放。燃料的排放因子可以从 LEAP 的排放因子库中选择或自定义。

2.3 情景设置和规划解构

2.3.1 情景设置和场景描述

通过描绘本书 2.2 节中影响因素的发展趋势，可得到不同的发展情景。在 LEAP-长沙模型中，根据活动水平、能源利用效率和能源结构，构建了基准情景、强化节能情景、强化减排情景、达峰情景和低碳情景五大情景。

在 LEAP-湘潭模型中，强化节能和减排情景整合为优化情景。

• 基准情景：在既有政策和规划下未来最有可能实现的情景。通常，这也是需要最先设定的情景。在基准情景下，城市一般难以实现达峰目标。因此，往往需要在基准情景的基础上再增加其他减排措施，依次设定节能情景、减排情景、达峰情景和低碳情景。

- 强化节能情景：相比基准情景，节能技术得到进一步推广，各部门的能效水平进一步提高。

- 强化减排情景：在节能情景的基础上，设定了更高的可再生能源和清洁能源比重以及公交分担率，但仍无法实现达峰目标。

- 达峰情景：根据达峰目标倒推得到的情景。具体做法是在减排情景的基础上，设定多个代表不同减碳措施的子情景并进行不同组合（LEAP-长沙模型中设定的子情景见本书 2.5.1 节），从中识别出能满足达峰目标最低要求的情景。该情景也反映了城市达峰目标实现的必要条件。

- 低碳情景：在 LEAP-长沙模型中，低碳情景是指可提前实现城市达峰目标的情景，是理想化的低碳发展情景。在有些研究中，可能被称为"零碳情景"（中国达峰先锋城市联盟，2017）。"零碳情景"要求从更长的时间尺度，规划城市达峰后的长期减排和低碳发展路径。通常需要制定面向 2050 年的低碳发展战略（Carbon Neutral Cities Alliance，2016；中国达峰先锋城市联盟，2017）。国际上越来越多的城市在挑战 80/50 的目标，即 2050 年前整体排放至少比 1990 年降低 80%。当把焦点放到更长期目标上时，城市有可能会发现即便达到既定的中长期减排目标，可能也难以实现 2050 年的长期目标。这时，城市需要考虑是否提出更严格的中长期减排目标，提前实现该中长期减排目标或提出更高的碳排放下降率和更低的峰值目标。

需要注意的是，如果城市在节能情景或减排情景下就能实现达峰目标，那么节能情景或减排情景即可直接作为达峰情景。只有当城市在节能情景或减排情景下无法实现达峰目标时，才需要建立更多子情景，以筛选出可以满足达峰目标最低要求的组合情景（达峰情景）和可实现提前达峰的组合情景（低碳情景）。设定低碳情景的意义在于探索城市在理想条件下最大的碳减排潜力，也是城市可以积极尝试实现的减排目标。城市越早实现达峰，越有利于减少气候变化带来的损失。

此外，根据不同减碳措施设定多个子情景，有助于后续根据不同情景组合的模拟结果计算各项措施的减排贡献率（本书 2.5.1 节）。

情景设置的另一个关键在于对城市未来低碳场景的描述。未来低碳场景描述指用简洁的语言和指标形象地表述在未来某个时间节点，大家所憧憬的低碳城市是什么样的。对于中国城市来说，通常以每 5 年或 5 的倍数年作为描述低碳场景的时间节点。

目前国内对于未来场景的描述大多是基于参数指标值变化的描述，城市管理者和公众通常难以读懂这些过于技术化的表述，难以将这些技术指标与自己的实际生活联系在一起。好的场景描述应该可以刻画城市各部门在某个时刻的具体状态，比愿景更细化，但同样具有画面感。专栏 2.2 以美国波特兰市为例，说明应如何进行场景描述。

专栏 2.2　场景描述举例

《波特兰市和马尔特诺马县气候行动计划 2009》中关于 2030 年波特兰建筑与能源部门的场景描述如下。

建筑能效：2010 年以前建造的所有老建筑物更节能（每户能源费降低 25%），新建筑还要比老建筑更节能 50%以上。

零碳排放建筑：2030 年以后所有新建筑都 100%依靠清洁能源供给，真正成为"零排放"建筑。

清洁能源系统：俄勒冈州消费的所有电力的 25%来自清洁可再生能源。

适应气候变化：所有新建筑和改造后的既有建筑都能更安全，能够适应气候变化，抵抗台风、内涝和热浪等自然灾害的袭击。

资料来源：波特兰市和马尔特诺马县气候行动计划 2009.

2.3.2 规划解构和参数设置

图 2.4 展示了城市能源碳排放情景分析参数设置的过程。

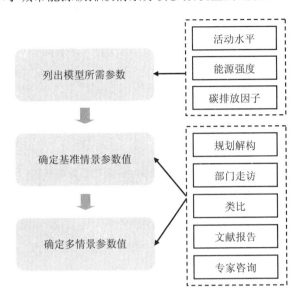

图 2.4 城市能源碳排放情景分析参数设置流程

首先，根据活动水平、能源强度和碳排放因子确定模型所需用到的参数（本书 2.2 节和 1.3.6 节）。

其次，确定在城市基准情景中，这些参数的值将如何变化。确定参数值的方法包括：规划解构、部门调研走访、类比分析、查阅文献报告、专家咨询等。规划解构指充分解读城市既有低碳发展相关的政策规划文件，识别出与碳排放相关的关键驱动因子的目标值，从而作为基准情景参数设定的依据。例如，从城市"十三五"规划文件中可找出关于描述城市未来经济发展的指标（如 GDP 增速、产业结构调整方向等）和社会发展指标（如人口规模等）；从城市节能降耗相关规划以及建筑、交通等专项规划中找出节能降耗相关指标（如能源结构调整、能效提高目标、公共交通分担率、纯电动汽车推广目标等）。从城市能源发展规划和低碳城市实施方案中识别未来城市可再生能源和清洁能源发展目标，例如，天然气热电联产装机容量、风电、光伏和水电等可再生能源装机容量、未来天然气供气量等。然而，规划解构往往不能满足模型的数据需求，因此还需要使用其他方法进行补充。部门调研走访有利于获得未对外公开发布的部门数据或了解部门领导和一线工作者对该部门发展趋势的判断。类比分析指使用相似城市的目标值作为替代值。查阅文献报告也可了解其他研究中都采用了什么样的参数值，可作为参考。表 2.4 中列举了国际研究中低碳行动相关的参数设置。专家咨询除可以获得供参考的参数值外，还可帮助确定参数值选取的合理性。

表 2.4 国际低碳发展研究中采用的参数值举例

建筑	
新建筑的供暖效率	新建筑达到被动式供热能耗水平：2020—2030 年，$<30\ kW\cdot h/m^2$；2031—2050 年，$<15\ kW\cdot h/m^2$
供热改造	旧建筑物每年以 1.4%～3% 的速度升级改造,使所有现有建筑在 2040 年之前完成升级。与基准情景相比，改造将使建筑能源强度降低 30%～40%；改造也包括对中纬度国家的热泵改造
家电和照明	基于 IEA 2DS 情景，积极部署高效照明和电器
太阳能光伏	大规模安装太阳能光伏，国际能源署 2DS 情景[12] 中的太阳能光伏数量一半将部署在城市，且按照区域城市人口的比例进行安装
交通	
城市规划和减少乘客出行需求	利用土地利用规划减少机动车乘客的出行活动（人均千米）：在 OECD 国家中减少 7%，在发展中国家减少 25%
乘客出行模式转变和换乘效率	公共交通工具的普及导致轻型乘用车的乘客行驶里程下降 20%，铁路和公共汽车运输的份额将更高
乘用车效率和电气化	效率提升和电动化结合使全球私家车效率提高 45%
货运物流改善	货运物流改善导致到 2030 年人均吨千米货运里程下降 5%，到 2035 年下降 12%
货车效率和电气化	到 2030 年，全球货运能源效率提高 17%，到 2050 年将提高 26%。此外，到 2050 年，全球货运有 27% 达到电气化
废物循环处理	
循环回收	到 2050 年，所有地区的回收率提高到 80%

9787511139580

	废物循环处理
垃圾填埋气捕获	在非 OECD 国家，甲烷（沼气）捕获量的年均增长率为 5.5%，OECD 国家的甲烷（沼气）捕获量年均增长率为 2.5%。所有地区的甲烷（沼气）捕集设施的年均增长率都达到 2%，同时该捕集设施也生产电力

资料来源：Erickson，Tempest. 2014. Advancing Climate Ambition：How City-Scale Actions Can Contribute to Global Climate Goals.

Gouldson A，Colenbrander S，Sudmant A，et al. 2015. Accelerating Low-Carbon Development in the World's Cities.

最后，基于基准情景中的参数值，设定多情景的参数值。例如，关于 GDP 增速、人口增速等促使城市能耗和碳排放增长的指标参数，在基准情景中通常设定的是相对较高的数值，在峰值情景中可设置较低的增速作为经济适度发展下的参数值；而关于能效提高、燃料替代等有利于减少城市能耗和碳排放的指标参数，在基准情景中通常设定的是相对较低的数值，在峰值情景中可设置较高的目标值作为峰值情景下的参数值。表 2.5 列出了 LEAP-长沙模型中各情景下设置的主要参数值，以供参考。

表 2.5　达峰模拟参数设置表——以长沙为例

参数设置				基准情景	节能情景	减排情景	达峰情景	低碳情景
GDP 年增速/%	"十三五"	"十四五"	"十五五"					
	9	8	7	★	★	★		
	8.5	7	6				★	★
人口/万人		2020 年：818；2025 年：909；2030 年：1 000		★	★	★	★	★
人均 GDP/（万元/人）	2020 年	2025 年	2030 年					
	16	21	27	★	★	★		
	15.6	19.7	24				★	★

参数设置				基准情景	节能情景	减排情景	达峰情景	低碳情景
产业结构 （一产∶ 二产∶ 三产）	2020 年	2025 年	2030 年					
	3.6∶46.2∶50.2	—	2.8∶41∶56.2	★	★	★		
	3.6∶45.3∶51.1	—	2.8∶36.1∶61.1				★	★
城市 化率/%	2020 年达到 81%，2030 年达到 90%			★	★	★	★	★
单位 GDP 能耗下降 率/%	"十三五"	"十四五"	"十五五"					
	16	15	15	★				
	19	19	19		★			
	20	20	19			★		
	20	19	19				★	★
能源消 费总量 增速/%	"十三五"	"十四五"	"十五五"					
	5.2	4.4	3.7	★				
	4.4	3.6	2.6		★			
	4.3	3.4	2.5			★		
	3.8	2.5	1.6				★	★
本地非化 石能源 占比/%	2020 年	2025 年	2030 年					
	5.7	6.9	8.2	★				
	5.8	7.1	8.4		★			
	7.1	9	11			★		
	7.2	9.5	12.2				★	★
本地清 洁能源 占比/%	2020 年	2025 年	2030 年					
	14.6	21.9	29.7	★				
	14.7	22.0	29.5		★			
	16.6	28.5	37.3			★		
	16.6	29.2	38.8				★	★

本节以长沙市 GDP 增速设定和新增发电装机容量为例，说明规划解构到情景
参数设置的过程。

GDP 增速设定：长沙"十三五"规划中设定的城市 GDP 年均增速为 9%，湖南省"十三五"规划中设定的湖南省 GDP 年均增速为 8.5%，《长沙市低碳城市试点实施方案》中设定的"十三五""十四五"和"十五五"年均增速分别为 9%、8% 和 7%。为了反映经济增速对长沙市碳排放达峰的影响，长沙市达峰研究中设定了两种经济增速作为对比。高经济增速中设定的"十三五""十四五"和"十五五"年均增速分别为 9%、8% 和 7%。，经济适度增长情景中设定的"十三五""十四五"和"十五五"年均增速分别为 8.5%、7% 和 6%。

新增发电装机容量：表 2.6 举例列出了长沙市累计新增光伏发电装机容量参数设置情况。2015 年年底长沙市光伏发电装机容量为 60 余兆瓦（MW）。在《长沙市低碳城市试点实施方案》中，列出了"十三五"期间长沙市拟投资的光伏发电项目，累计装机容量达到 930 MW，预计 5 年增长 15.5 倍；在长沙市《关于加快分布式光伏发电应用的实施意见》（长政办发〔2015〕24 号）中指出"到 2020 年末，全市确保新增光伏发电装机容量 300 MW 以上，光伏发电应用示范区建设形成规模"。综上，研究设定了高低两种新增发电装机容量情景。在低发展情景中，研究假定"十三五"计划投资的光伏发电项目中有 50% 能在 2020 年前投产，即 465 MW，之后每 5 年新增 465 MW，则到 2030 年光伏发电装机容量累计新增 1 395 MW。深度低碳发展情景中，假设 2020 年前投产的光伏发电装机容量达到 774 MW，之后每 5 年仍新增 465 MW。

表 2.6　长沙市累计新增光伏发电装机容量参数设置　　单位：MW

新增光伏发电	累计新增发电装机容量（与 2015 年比）					
	基准情景和节能情景			减排情景/达峰情景/低碳情景		
	2020 年	2025 年	2030 年	2020 年	2025 年	2030 年
	465	930	1 395	774	1 239	1 704

2.4 达峰趋势分析

2.4.1 总量趋势分析

城市碳排放总量趋势分析旨在回答如下三个问题：

- 城市既有政策下是否可以实现达峰目标？

- 城市在什么条件下可实现提前达峰？

- 峰值是多少？

本节以 LEAP-长沙模型和 LEAP-深圳模型情景分析结果为例进行说明。

图 2.5 和表 2.7 展示了 LEAP-长沙模型中各情景的模拟结果。根据图 2.5 可以看出在基准情景、强化节能情景和强化减排情景下，长沙碳排放总量均未出现拐点。因此在强化减排情景的基础上，又设定了进一步的减碳措施，包括：清洁能源车加速发展子情景（FLC），第三产业快速发展子情景（S），长沙市本地发电结构进一步优化子情景（EFLC），2025 年前逐步关停既有煤电厂子情景（EF1），GDP 适度发展子情景（EGR）和湖南省电网电力碳排放因子加速下降子情景（EF2）。将这些子情景与减排情景构成不同的组合情景，得到了多条长沙市未来可能的碳排放曲线。其中，有 7 个情景出现了拐点，但只有 3 个情景可以满足长沙市 2025 年前实现达峰的要求（图 2.5 和表 2.7）。按照本书 2.3.1 节中对各情景的定义，将能满足达峰目标的最低要求的情景确定为达峰情景，而将最理想化的情景作为低碳情景。

达峰情景是在强化减排情景的基础上，采用了适度的 GDP 发展目标，加快发展第三产业，加速推广清洁能源车，进一步优化长沙市本地发电结构并在 2025 年前逐步关停既有煤电厂。在达峰情景下，长沙市可以实现 2025 年达峰，计算峰值为 7 254 万 $t\,CO_2$ 排放量。

在低碳情景下，长沙市可于 2021 年提前实现达峰目标，但需要依赖于湖南省电网电力碳排放因子加速下降。2021 年的计算碳排放峰值为 7 024 万 $t\,CO_2$ 排放量。

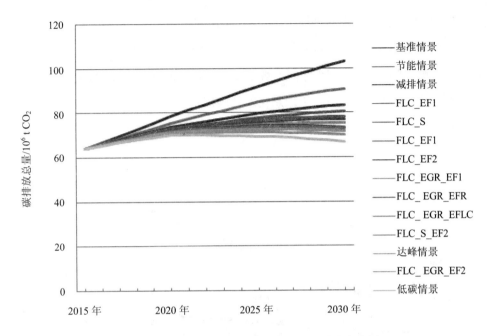

图 2.5　城市碳排放情景模拟图——以长沙市为例

注：FLC——清洁能源车加速发展；S——第三产业快速发展；EFLC——长沙市本地发电结构进一步优化；
EF1——2025 年前逐步关停既有煤电厂；EGR——GDP 适度发展；EF2——湖南省电网电力碳排放因子加速
下降子情景；下同。

资料来源：ISC，ISEE，HILCC. 2017. 长沙市温室气体排放达峰研究.

表 2.7　碳排放总量出现拐点的情景

情景	是否出现拐点	达峰年份/区间	峰值/万 t CO_2
基准情景	否	无	无
节能情景	否	无	无
减排情景	否	无	无
FLC_EGR_EF1	是	2029 年	7 522
FLC_S_EF2	是	2026 年	7 260
FLC_S_EGR_EFR	是	2026 年	7 423
FLC_S_EGR_EFLC	是	2026 年	7 395
FLC_S_EGR_EF1（推荐达峰情景）	是	2025 年	7 254
FLC_EGR_EF2	是	2024 年	7 147
FLC_S_EGR_EF2（低碳情景）	是	2021 年	7 024

资料来源：ISC，ISEE，HILCC. 2017. 长沙市温室气体排放达峰研究.

图 2.6 展示了 LEAP-深圳模型中各情景的模拟结果。其中，参考情景、减排
情景均未出现拐点，强化减排情景出现了拐点但不能满足深圳市 2022 年达峰的目
标。只有在峰值情景下，深圳市才能实现于 2022 年达峰，峰值为 6 924.4 万 t CO_2 e。
在 LEAP-深圳模型中，未设置更理想化的低碳情景。深圳市实现达峰目标的必要
条件可参看该情景下的参数假设。

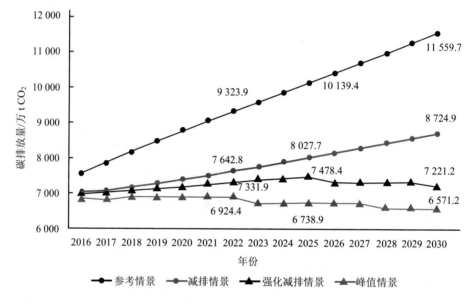

图 2.6　不同情景下深圳市 CO_2 排放量趋势

资料来源：绿色低碳发展基金会，北京大学深圳研究生院. 2016. 深圳碳减排路径研究.

2.4.2　分部门趋势分析

分部门趋势分析的目的是为了识别达峰情景下城市重点碳排放部门和碳减排
贡献率最大的部门，这些部门往往是城市低碳发展的关键。本节以长沙市为例，
介绍分部门趋势分析的方法。

在达峰情景下，各部门碳排放量 2015—2030 年变化趋势如图 2.7 所示，2025
年以前工业是最重要的碳排放源，而从 2025 年起交通碳排放将取代工业成为第一

大碳排放源,2030 年交通碳排放占比达到 34.3%。由此可知,在今后的 10 年里,工业碳减排仍然是长沙低碳发展的重要抓手,但城市也需要对快速增加的交通碳减排给予足够的重视。

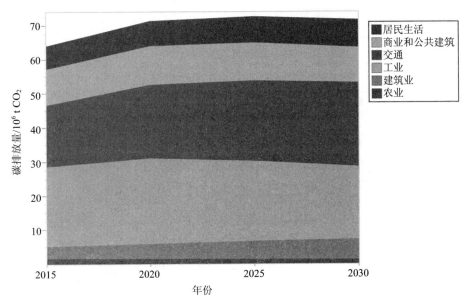

图 2.7 达峰情景下长沙分部门能源 CO_2 排放量

交通用能结构与建筑用能结构最大的不同在于电耗比重。电力是建筑用能中最主要的能源形式,通过电力系统的低碳化发展可以有效减少建筑用能产生的碳排放。而在交通部门中,油品仍然是最主要的能源品种,因此,如果不大幅提高电动车等新能源车的比重,则电力系统的低碳化发展对减少交通部门碳排放的贡献将十分有限。此外,目前交通用能中天然气和生物质能源占比同样很低,将限制交通部门低碳发展。因此,在推进低碳交通发展中,除了控制能耗外,交通用能结构的优化也非常重要。

从碳减排贡献率看,达峰情景与基准情景相比,2020 年、2025 年和 2030 年长沙市各部门共实现能源 CO_2 排放减排比例达到 9.1%、21.1% 和 30.5%。各部门

相对减排量贡献率如图 2.8 所示，其中，工业相对减排贡献率最高，2020 年、2025
年和 2030 年分别达到 44%、49%和 49%。2020 年商业和公共建筑部门相对减排
贡献率为 20%，其次为交通[①]（19%）和居民生活（11%）。从中可以看出，工业、
商业和公共建筑、交通都是实现城市达峰关键部门。

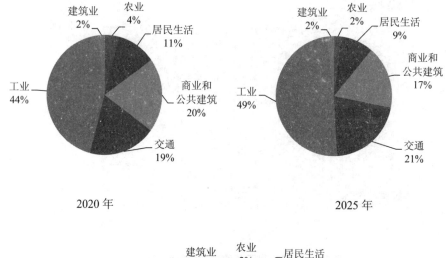

2020 年   2025 年

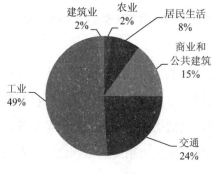

2030 年

图 2.8　达峰情景下各部门相对减排贡献率（与基准情景相比）

---

① 本书中的交通包括了交通仓储邮政业的营运交通，也包括家用车、机构用车和非家用个人小汽车。

2.5 达峰目标分解——以长沙市为例

2.5.1 不同措施减排贡献率分析

在识别出碳减排关键部门后，还需对不同措施的减排贡献率进行分析，这样才能细化城市达峰目标。

在基于 LEAP 开发的情景分析模型中，通常是通过对比模型中设定的各子情景的碳排放情况，从而计算出各子情景相对应的低碳发展措施的减排贡献率。也就是说，研究人员应尽可能地针对不同的减排措施设定不同的子情景，通过不同子情景的组合生成减排情景、达峰情景和低碳情景。例如在长沙市减排情景中，项目组针对居民生活、工业、商业和公共建筑、交通以及农业部门分别设定了能效提高子情景，通过对比不同子情景组合，就可计算出不同部门的节能贡献率。此外，LEAP-长沙模型中还设定了产业结构优化子情景、GDP 适度增长子情景和可持续交通推广子情景，这些措施也都有利于城市减少能源消耗。通过对比这些子情景的能耗情况，就能计算出各项措施的节能贡献率（图 2.9）。

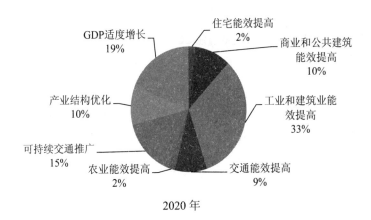

2020 年

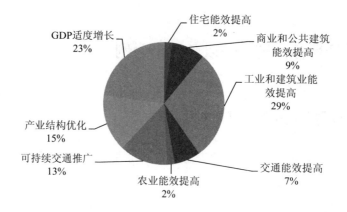

2025 年

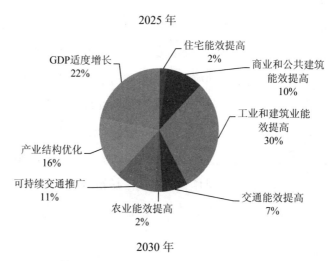

2030 年

图 2.9　长沙市各项组合措施的节能 CO_2 减排贡献率（达峰情景和基准情景）

资料来源：ISC，ISEE，HILCC. 2017. 长沙市温室气体排放达峰研究.

　　当然，除了上述减少终端能源需求措施（即表 2.8 的"需求侧节能"）外，能源供应结构的优化（即表 2.8 中的"供应侧能源结构和发电结构优化"）也是减少城市碳排放的重要举措。

表 2.8　长沙市达峰情景需求侧和供给侧减排贡献率（与基准情景比）　　单位：%

年份	2020 年		2025 年		2030 年	
减排贡献	相对基准情景减排比重	相对减排贡献率	相对基准情景减排比重	相对减排贡献率	相对基准情景减排比重	相对减排贡献率
需求侧节能	6.7	73.5	15.2	71.9	23.4	76.8
供给侧能源结构和发电结构优化	2.4	26.5	5.9	28.1	7.1	23.2
合计	9.1	100.0	21.1	100.0	30.5	100.0

资料来源：ISC，ISEE，HILCC. 2017. 长沙市温室气体排放达峰研究.

达峰情景相比基准情景，2020 年、2025 年和 2030 年长沙市能源消费总量分别下降 6.7%、15.2%、23.4%。综合考虑节能、能源结构低碳化和外部电力碳排放因子下降等综合因素，达峰情景下 2020 年、2025 年和 2030 年长沙碳排放总量分别下降 9.1%、21.1% 和 30.5%。其中，2025 达峰年相对减排量达到 1 940 万 t。

值得注意的是，需求侧节能的碳减排贡献率大约是供给侧的 3 倍。能源结构优化是个非常长期的过程，当地资源禀赋是无法改变的，能源基础设施一旦建成也将产生长时间的锁定效应。这也是长沙市需求侧节能产生的碳减排贡献率远远高于供给侧的原因。

通过对需求侧和供给侧减排贡献率的计算，可以看出，在未来较长的时间内，节能仍是最主要的减碳手段，同时城市也需要对能源基础设施建设和能源结构优化政策尽早谋划，以免受到锁定效应的限制，阻碍城市碳排放达峰目标的实现。

综上所述，得到各项措施的碳减排贡献率（图 2.10）。

除上述能源碳排放减排量计算外，长沙市研究项目还单独计算了达峰情景下废弃物资源化利用和绿化碳汇产生的潜在减排量。综上分析，即可得到长沙市 2025 年达峰情景中七大行动领域相对于基准情景的减排量（图 2.11）。

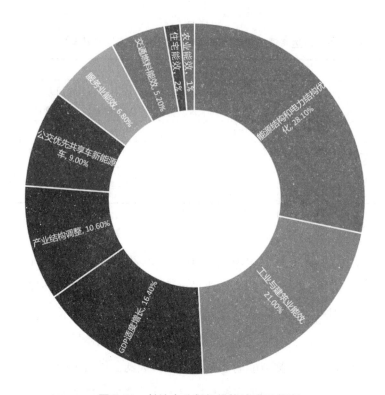

图 2.10　长沙市分部门措施达峰贡献率

资料来源：ISC，ISEE，HILCC. 2017. 长沙市温室气体排放达峰研究.

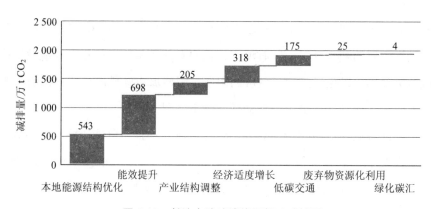

图 2.11　长沙市达峰路线图行动减排图

资料来源：ISC，ISEE，HILCC. 2017. 长沙市温室气体排放达峰研究.

再以湘潭市为例，预计 2028 年达峰情景比基准情景相对减排总量为 421.4 万 t CO_2。其中排前三位的工业能效提升、产业转型和清洁能源替代分别减排 140.5 万 t、134.4 万 t 和 93.6 万 t（图 2.12）。

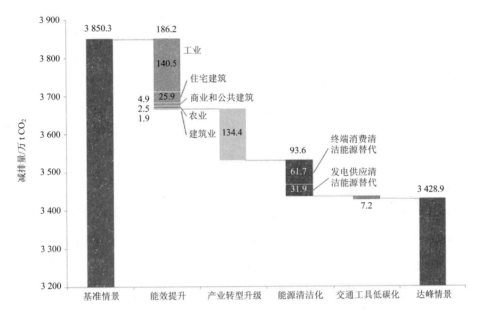

图 2.12　湘潭市达峰路线图行动减排图

资料来源：ISC，HILCC，ISEE. 2018. 湘潭市温室气体排放达峰研究.

2.5.2　达峰情景参数转换目标和指标

确定了达峰情景之后，研究团队应该将情景参数转换成达峰分项目标以及减排措施指标，便于各部门落实行动。具体分为三个步骤（图 2.13）：

首先，识别和选择峰值情景（本书 2.4.1 节）。

其次，整理达峰情景下政策措施对应的参数及参数值列表（表 2.9）。需要注意的是，在达峰情景模拟过程中，通常会设定大量的参数，而这些参数并不等同于达峰指标，需要进行人工筛选。

图 2.13　达峰情景参数转换指标三步骤

最后，筛选出达峰目标和关键指标。目标和指标的选取需考虑两个问题：

- 这些目标和指标是否会对城市碳减排产生重要的影响？是否能够落实到具体部门？达峰指标需要涵盖重要的碳减排部门。
- 这些指标是否可监测、可报告、可验证（MRV）？如果是常用指标，则通常不会增加统计和核算的工作量。如果不是，那么需要考虑数据可获得性以及如何获得，例如，从哪个部门获得，以哪种方式（既有统计资料、调研等）获得？

优良做法是通过多利益相关方参与，对筛选出的达峰目标和分解指标做进一步地分析和探讨，以确保各部门目标的一致性和可达性。

在长沙市达峰研究报告中，课题组综合考虑长沙市经济发展、宜居城市和空气污染治理等协同效益，共制定了涵盖七大领域的 19 项达峰行动目标和 23 项关键落实指标，见表 2.9。这七大领域包括：能源和电力结构优化、能效提升、产业结构调整、适度经济增长、交通低碳、废弃物资源化利用，以及绿色碳汇和气候变化适应。本节后部分以交通低碳领域为例，说明如何根据达峰情景参数初步确定达峰目标和关键指标。

表 2.9　达峰目标和指标一览表——以长沙市为例

序号	2025 达峰行动领域		2025 年达峰目标	2025 年	
				约束性/指导性	关键指标
1	能源结构和电力结构优化	1.1 终端清洁能源替代	1.1-1 本地煤炭消费占比下降至 19%	约束性	• 光伏 1239 MW • 风能 270 MW • 水电 30 MW • 分布式能源 895 MW • 生物质能源 60 MW • 天然气使用量 61 亿 m³ • 关闭本地煤电厂
		1.2 天然气分布式发电	1.2-2 本地天然气消费占比上升至 20%	指导性	
		1.3 可再生能源发电	1.3-3 本地非化石能源消费占比上升至 9% 1.3-4 本地清洁能源消费占比上升至 29%	约束性	
2	能效提升	2.1 农业	2.1-5 单位农业增加值能耗下降率 14%	指导性	• 高标准农田占总耕地面积比 70%
		2.2 工业与建筑业	2.2-6 单位工业增加值能耗下降率 28% 2.2-7 单位施工面积能耗下降率 10%	指导性	• 规模以上工业 100%清洁生产和能源审计 • 住宅产业化面积占新增住宅 50%以上
		2.3 服务业	2.3-8 公共建筑单位面积能耗下降率 17%	指导性	• 既有大型公共建筑 100%节能改造
		2.4 居住生活	2.4-9 住宅单位面积能耗累计增加率不超过 23%	指导性	• 新建住宅和公共建筑 100%执行绿色标准 • 新建建筑全部按 75%节能率设计
		2.5 交通燃料效率	2.5-10 机动车百千米能耗下降率 12%	指导性	• 汽车 100%执行国家最新排放标准
3	产业结构调整	3.1 战略性新兴产业	3.1-11 战略性新兴产业增加值占 GDP 比重上升至 25%	指导性	• 形成新能源与节能环保、新能源汽车、创意文化等三大千亿级产业集群
		3.2 现代服务业提升	3.2-12 第三产业比重上升至 56%		

序号	2025 达峰行动领域		2025 年达峰目标	2025 年	
				约束性/指导性	关键指标
4	适度经济增长	4.1 近期 GDP 8.5%	4.1-13 年均单位 GDP 能耗下降 4% 4.1-14 年均总能耗增速控制不超过 3.2%	约束性	• 人均 GDP 20 万元/年 • 能源碳排放总量＜7 254 万 t •年人均碳排放＜9 t
		4.2 远期 GDP 6%	4.2-15 年均单位 GDP 碳排放下降 5%		
5	交通低碳	5.1 共享汽车/公交出行/慢行系统	5.1-16 全市公共交通分担率上升至 43%	指导性	• 家用车年均行驶里程下降至 8 000 km • 家用新能源车保有量达到 30 万辆
		5.2 新能源燃料替代	5.2-17 家用新能源车比重上升至 31%		
6	废弃物资源化利用	6.1 生活垃圾分类	6.1-18 生活垃圾 100% 分类收集处置	指导性	• 有害垃圾 100%分类处置 • 垃圾资源化利用年发电 5 亿 kW·h
		6.2 垃圾焚烧发电			
7	绿色碳汇及气候变化适应	7.1 绿水青山建设	7.1-19 森林覆盖率 55%	约束性	• 新增城乡绿地碳汇面积 3 000 hm²

注：指标 2.1-5 至 2.5-10 均为基于 2015 年的累计下降率和增加率。
资料来源：ISC，ISEE，HILCC. 2017. 长沙市温室气体排放达峰研究.

表 2.10 列出了长沙市达峰情景下与大交通相关的参数设置。可以看出表 2.10 中的指标数量远超过表 2.9 中涉及的低碳交通达峰行动目标和关键指标数量。根据指标的碳减排作用，可将表 2.10 中所列指标分为三类：提高车辆燃料效率、提高公共交通分担率和提高清洁能源汽车比重。

表 2.10 长沙达峰情景下大交通相关参数设置

指标		达峰情景			减排贡献
交通能耗	百千米能耗下降率	2020 年	2025 年	2030 年	减少百千米/单位运输周转量能耗和碳排放
		6%	12%	19%	
公交车	城镇万人公交车拥有量	2025 年从 13.6 辆提高到 15 辆			增加公交车运量，减少小汽车行驶里程
	城镇人口	2020 年	2025 年	2030 年	—
		663 万人	777 万人	900 万人	
	每车次平均载客量	假设 2015 年为公交车平均额定载客量（70.7 人）的 30%			以交通导向进行城市开发，鼓励居民公交出行，提高公交运行效率，减少小汽车行驶里程
		2020 年	2025 年	2030 年	
		35%	45%	55%	
	年均行驶里程	保持 2015 年水平			—
	电动公交车充电行驶里程占总里程比重	2025 年全面淘汰实现柴油车公交			减少百千米能耗和碳排放
		2020 年	2025 年	2030 年	
		13.90%	25.90%	38%	
轨道交通	年度总运距	2022 年：1 256 万列千米；2030 年：2 512 万列千米			增加地铁运量
	每列次平均载客量	2020 年前：750 人/列千米；2020 年后：1 100 人/列千米			以交通导向进行城市开发，鼓励公交出行，提高地铁运行效率，减少小汽车行驶里程
出租车	出租车有效里程利用率	假设 2015 年出租车有效里程利用率为 65%，之后每 5 年累计提高 5 个百分点			减少出租车空驶率。对于同等周转量，可减少出租车行驶里程
	每车次平均载客量	2030 年提高到 2.2 人			提高出租车共享出行，减少人千米能耗和碳排放量
	万人出租车拥有量	维持 2015 年水平，17.1 辆/万人			
	年均行驶里程	加速下降，2030 年降至 108 502 km			减少出租车出行
	新能源车比重	2020 年、2025 年和 2030 年新能源车比重分别增加到 15%、29.3% 和 45.8%。2030 年 100% 的新能源车用电行驶			减少单位里程能耗和碳排放量

指标		达峰情景			减排贡献
家用车	年均行驶里程	2030 年下降到 6 066 km			减少小汽车出行能耗和碳排放量
	每车次平均载客量	2030 年提高到 1.52 人			推动汽车共享，减少人千米能耗和碳排放量
	新能源车辆比重	2020 年	2025 年	2030 年	减少单位里程能耗和碳排放量
		15%	31%	47%	
机构用车	年均行驶里程	每年减少 2.5%，2020 年后年均行驶里程加速减少			减少小汽车出行能耗和碳排放量
	新能源车辆比重	2020 年	2025 年	2030 年	减少单位里程能耗和碳排放量
		14%	28%	42%	
非家用个人汽车	年均行驶里程	年均下降率在 4% 以上			减少小汽车出行能耗和碳排放量
	每车次平均载客量	2030 年提高到 1.52 人			推动汽车共享，减少人千米能耗和碳排放量
	新能源车辆比重	2020 年	2025 年	2030 年	减少单位里程能耗和碳排放量
		14%	28%	42%	

资料来源：ISC，ISEE，HILCC. 2017. 长沙市温室气体排放达峰研究.

因此，可分别在这三类指标中选取出代表性指标。

- 提高车辆燃料效率。在长沙达峰情景设置中，主要以百千米能耗下降率指标表征车辆燃料效率。2025 年达峰时，长沙各类车辆百千米能耗需比 2015 年下降 12%。

- 提高公共交通分担率。表 2.10 中不同类型车辆数、每车年均行驶里程以及每车次载客量等指标均与公共交通分担率指标息息相关。公共交通分担率指标是公交都市创建中使用的考核指标，具有数据统计基础。综上，可将该综合性指标作为代表性指标对城市碳排放达峰情况进行考核[①]。根据达峰情景下设置的参数值计算，2025 年长沙市公共交通分担率应提升至 43%。城市里私家车数量增速迅猛，减少家用车年均行驶里程既有助于减少拥堵

---

① 本书中的公交分担率未包括出租车。此外，本书中的公交分担率是根据估算的公交车、地铁、家用汽车、非家用个人小汽车、机构用车、摩托车和电瓶车年人千米周转量计算所得，统计口径可能与长沙市官方不同。据此方法计算，2015 年长沙的公交分担率为 22%。

和汽车尾气污染，也能从侧面反映出公交系统的完善性和便捷性。因此，将家用车年均行驶里程作为关键性指标，该指标值可通过交通大调查获得。在长沙市达峰情景中，2025 年家用车行驶里程应降低至 8 000 km。

- 提高新能源汽车比重。从表 2.10 中可以看出，在长沙市达峰情景中，不同类型车辆的新能源车比重略有区别，其中家用车新能源车比重最高，2025 年需提高至 31%。家用车又是增速最快的车辆，因此将家用新能源车比重作为代表性指标进行重点调控。为了便于管控，建议尽量将比例指标转换成绝对量指标。根据参数设置情况，计算得出 2025 年家用新能源车比重提高至 31%相当于 30 万辆新能源车保有量，将该指标作为关键指标，作为达峰目标的补充。

据此，可初步确定低碳交通领域的达峰行动目标和关键指标。后续可根据利益相关者意见进行增减。

第 3 章
达峰投资模块

INSTITUTE FOR
Sustainable
Communities
可持续发展社区协会

　　一个低碳可持续、长期有回报的碳排放达峰投资是城市低碳转型发展的动力源泉。达峰过程就是经济持续增长，碳排放增速下降，碳排放总量逐渐达峰然后开始下降的一个"碳排放与经济增长"逐步脱钩过程。

　　通常一个城市的达峰规划时间跨度为 5～15 年，实现达峰目标的投资回报周期也是长期的。在实际操作中，对于城市领导者来讲，在部署大规模低碳行动和项目之前，需要平衡中短期利益和长期利益，尤其希望搞清楚以下两个决策性问题：

　　①达峰投资成本多少？需要政府投入多少财力资源支持？

　　②中长期是否有正向经济回报？

　　本书在 3.1 节主要从达峰各个关键领域的产业发展、投资强度和收益率三个方面系统性分析一个城市达峰投资的成本和收益，力求科学回答城市管理者关心的上述两个问题。

　　本书在 3.2 节主要通过碳经济性分析这一辅助决策工具，从减排量和投资量两个复合维度对低碳重点项目进行优先度测评。以长沙市案例作为分析蓝本，展示测评成果。

　　城市在进行达峰投资研究时，可以参考本书的基本参数和工具方法，结合当地市场情况进行深入调研，从而设计出适合该城市资源禀赋和发展前景的达峰投资包内容。

3.1 达峰投资成本收益分析

在本书第 2 章介绍的达峰七大关键领域中，除适度经济增长不需额外投资驱动外，能源结构调整和清洁能源替代、"工农建"（指工业、农业、建筑）能效提升、产业结构调整、低碳交通、废弃物资源化利用、绿色碳汇和气候变化适应等达峰六大关键领域都需要调动政府和社会的大量资本投资实现目标。

全球经济与气候委员会（2015）研究报告指出，对建筑、交通和废物资源化利用部门的低碳投资，不仅可以在其生命周期内收回成本，并且能够为城市带来当前价值为 16.6 万亿美元的直接经济节约收益。如果有相关配套政策，该经济收益可能高达 21.8 万亿美元。

低碳达峰投资离不开成熟的商业、产业发展。德国政府研究报告（2014）指出，2013 年，全球环境与资源技术市场（以下简称绿科技市场）总值达到 2.5 万亿欧元，其中能源效率市场 8 250 亿欧元，可持续水管理 5 050 亿欧元，环境友好型电力 4 220 亿欧元，材料效率 3 670 亿欧元，可持续交通 3 150 亿欧元，废物管理和回收 1 020 亿欧元。到 2025 年，全球绿科技市场预测将 10 年倍增到 5.3 万亿欧元（Federal Ministry for the Environment，Nature Conservation，Building and Nuclear Safety，2014）。

中国是制造大国，环保、节能、新能源和新能源车都被列为国家战略性新兴产业发展规划，逐步发展为万亿元甚至数万亿元市场规模。全国从 2010 年开始，已经分三批开展低碳试点城市，其中 80 多个城市承诺 2030 年前尽早达峰。各低碳试点城市政府官方通过的实施方案中，"十三五"重点项目总投资均达到千亿元级别以上，保守估计中国达峰先锋城市在"十三五"达峰投资将达到 10 万亿元总量，年均 2 万亿元规模，这都将大力促进低碳节能产业发展。

3.1.1　估算方法

达峰目标的设定和实现都需要科学性和经济性。通常项目实施前均需开展成本效益评估，以判断其经济可行性，作为各主管部门研究专项规划和编制实施方案的主要依据之一。

（1）如何计算分项成本

原则上，各个细分领域的成本等于分项指标×投资强度［式（3.1）］。例如，在能源结构调整领域，光伏投资、风能投资、水电投资、分布式能源等细分领域投资量等于装机指标（MW）乘以单位装机投资强度（万元/MW）。行业投资强度可以参考文献和公开披露的市场数据（表 3.1）。在节能领域投资量等于节能量（t 标煤）乘以节能投资强度（万元/t 标煤）；在建筑领域的投资等于单位面积（万 m^2）乘以改造（新建）增量投资强度（万元/万 m^2）；在产业结构调整、碳汇和气候变化适应领域的投资则等于面积（km^2）乘以投资强度（万元/km^2）。每个城市根据自身资源禀赋不同，所设置的分项指标是有巨大差异的，所以投资成本组合也是截然不同。而且低碳产业中很多技术还未完全成熟，随着技术进步，成本尚有下降空间，所以从 5～15 年的时间维度上看，单位指标成本应该是逐年下降的。

（2）如何计算分项收益

行业投资收入的影响因素需考虑使用者付费收入、上网电价（是否享受补贴）、供气价格、供热价格、碳交易收益和政府补贴等。收益计算需要用收入减去运营成本。城市级别的达峰收益分析可以简化计算，用投资量乘以行业保底投资回报率的比例得出收益。项目级别的分析则需要更深入分析收入和运营成本，得出项目整体收益水平。低碳达峰投资收益水平往往受政策影响非常大。如光伏发电的收益 30%～50%仍然依赖政策补贴。所以计算分项收益时，必须详细考虑政策影响。

（3）如何计算总成本收益

成本效益分析一般是先由细分领域计算，然后再加总计算，城市级别的估算精确度建议到亿元为单位。最后叠加得到一个城市整体达峰投资的总投资量 [式（3.1）]、年收益总量 [式（3.2）] 和城市达峰投资年回报率 [式（3.3）]。

$$投资总量=\sum（分项指标×投资强度） \tag{3.1}$$

$$年收益总量=\sum（分项投资量×保底收益率） \tag{3.2}$$

$$城市达峰投资年回报率=年收益总量/投资总量 \tag{3.3}$$

3.1.2 本地能源结构调整和清洁能源替代

（1）可再生能源投资是城市低碳转型主攻手

《可再生能源发展"十三五"规划》提出非化石能源消费比重从 2015 年的 12% 上升至 2020 年的 15%，同期煤炭消费比重从 2015 年的 64% 下降至 58%，相当于减少 CO_2 排放量约 14 亿 t。

可再生能源已成为全球战略性新兴产业，欧美等国每年 60% 以上的新增发电装机来自可再生能源。2015 年全球可再生能源发电新增装机容量首次超过常规能源发电装机容量，表明全球电力系统建设正在发生结构性转变。

2014 年，中国可再生能源领域投资额为 895 亿美元，同比增长 32%，占全球可再生能源总投资额的 29%，其中在光伏发电和风力发电领域，中国也成了全球最大的投资者（德勤，2015）。《可再生能源发展"十三五"规划》估算，包括水电、风能、光伏、太阳能热水器、生物质发电、沼气、地热能利用在内，中国"十三五"期间可再生能源投资将达到 2.5 万亿元，新增就业岗位 300 万个。

在城市层面，国家"十三五"规划的能源转型示范城市以分布式能源和可再生能源供热为重点领域，加快新能源对存量化石能源消费的替代，提高新能源在城市用能中的消费比重，可再生能源比重占城市用能消费的 50% 以上，推动城市能源结构转型。

（2）"气化"时代的三大投资机会：天然气供应、天然气管网和天然气分布式能源系统

天然气成为可再生能源之外的另一个清洁能源主力军。2017 年，国家发改委印发的《加快推进天然气利用的意见》提出，逐步将天然气培育成为我国现代清洁能源体系的主体能源之一，到 2020 年，全国天然气在一次能源消费结构中的占比力争从目前的 8%左右上升达到 10%左右。平均每年需增加 400 亿 m^3 的用气量，才能实现"十三五"规划目标。

国家《中长期油气管网规划》指出，在适应中国新型城镇化建设中，考虑到天然气需求广泛分布、点多面广、需跨区调配等特点，应加快启动新一轮天然气管网设施建设，力争到 2025 年时逐步形成"主干互联、区域成网"的全国天然气基础网络。2015 年，中国天然气管网总里程为 6.4 万 km，中国城镇天然气用气人口为 2.9 亿人，到 2025 年，将达到 16.3 万 km，意味着未来 10 年中，中国平均每年将新增建设天然气管网 10 000 km，市场投资将达到 5 000 亿元，甚至万亿元级别，50 万人以上人口的城市将基本实现管道气接入，用气人口也将达到 5.5 亿人。各大城市大力实施"气化战略"，推动"煤改气"和"油改气"。例如，湖南省计划 2015—2017 年的 3 年内投资 247 亿元，力争实现全省 14 个市（州）中心城市和 66 个市（县）实现管道"气化"，天然气占比也从 1.5%上升为全国平均水平。

除增加天然气供应增加和管网覆盖的措施外，天然气分布式能源系统也孕育巨大市场机会。通常天然气分布式能源（CHP）规模在 100 MW 以下，在商务区、园区、大型公建项目等产业商业聚集区开始了规模化推广。最新一代的高效燃气机组发电效率达到 48.7%，综合能效达到 90%以上（BB Owens，2014）。2020 年，全球电力增量的 42%即 200 GW 将来自于分布式能源，年投资达到 2 060 亿美元（BB Owens，2014）。而我国分布式能源起步较晚，远远落后于国际先进水平。截至 2016 年底，全国共计 51 个天然气分布式能源项目建成投产，装机容量将达到 382 万 kW。根据官方报道（中国能源报，2016），到 2020 年底，全国将建成天然气分布式能源项目 147 个，装机容量将达到 1 654 万 kW（16.54 GW），但该数量

远远低于国家规划目标，即 2020 年全国装机容量达到 5 000 万 kW（50 GW）规模（人民网，2014）。随着电力体制改革深入，多数省份燃煤电厂停止审批、工业园区企业燃煤锅炉淘汰、北方城镇清洁能源采暖、新型城镇化和特色小镇的大规模建设，都成为规模化利用天然气分布式能源的助推手。

3.1.2.1　清洁能源投资成本估算

目前，清洁能源的主流投资项目包括五大类：光伏、风能、抽水蓄能水电、生物质能和天然气。

（1）光电与风电成本

可再生能源投资项目特点是初期投资较大，但运行成本很低。随着可再生能源技术的进步及应用规模的扩大，可再生能源发电的成本显著降低。风电设备和光伏组件价格近 5 年分别下降了约 20% 和 60%。目前，中国大型光伏电站装机成本（包括场地、组件、电力系统接入等）为 7 000~8 000 元/kW，分布式光伏装机成本为 8 000~9 000 元/kW。相对于制造成本逐年下降，但中国风能、光伏等可再生能源发电平价上网价格仍然略高于国际平均水平。2016 年中国领跑者计划大型光伏基地上网电价竞价已经下降到 0.48 元/（kW·h）（搜狐网，2016），接近同期美国 0.4 元/（kW·h）的水平，土地、金融、税收等"非光"成本还有进一步下降趋势。"十三五"期间，国家重点解决"非风非光"成本问题，有望到 2020 年，风电项目电价可与当地燃煤发电同平台竞争，光伏项目电价可与电网销售电价相当。

中国陆上风电装机成本（包括风机、并网、基础、安装等）约 1 000 美元/kW（约人民币 6 500 元/kW）（风电网，2014）。彭博新能源财经（2017）发布报告指出，2016 年下半年全球海上风电技术的电成本（加权平均）估计为 126 美元/（MW·h），这相对于 2016 年上半年下降了 22%，相对于 2015 年下半年下降了 28%，而同期陆上风电的度电成本为海上风电的一半左右，剔除海上风电的维护成本略高于陆上风电，海上风电初期装机成本约为 13 000 元/kW。

（2）抽水蓄能和生物质能成本

小水电的投资完全遵循所有项目投资的市场规律：越早投资，越早收益；越晚投资，风险越大。城市周边的小水电站投资成本基本在 10 000 元/kW（新华社，2013）。但国家目前除鼓励发展抽水蓄能电站外，其他小水电站项目基本不鼓励发展。

生物质能发电是以垃圾焚烧发电、填埋场和农业沼气发电为主，其中垃圾发电厂一般以日处理垃圾吨数估算成本，一般每日吨建设投资为 50 万～60 万元（中兴资本，2017），到 2016 年底内地建成并投入运行的生活垃圾焚烧发电厂约 250 座、总处理能力为 23.8 万 t/d，总装机约为 4 906 MW（城市节能，2017）。平均折算至发电装机成本约 2 400 万元/MW。垃圾填埋沼气发电单位装机容量的比投资几乎都高于 1 000 万元/MW（杨勇，2010）。

生物质燃料技术成熟的有乙醇汽油。日前，国家发展改革委等 15 部委联合印发《关于扩大生物燃料乙醇生产和推广使用车用乙醇汽油的实施方案》，要求到 2020 年，我国全国范围将推广使用 10%车用乙醇汽油。我国生物燃料乙醇产业经过 10 多年发展，以玉米、木薯等为原料的 1 代和 1.5 代生产技术工艺成熟稳定，以秸秆等农林废弃物为原料的 2 代先进生物燃料技术已具备产业化示范条件，力争纤维素燃料乙醇实现规模化生产，行业整体技术装备水平居于世界先进国家行列（国家能源局，2017）。2016 年，乙醇汽油销售量占全国汽油销售量的 20%，实际生物质乙醇消费量超过 200 万 t，预计达到全国推广使用的目标，未来乙醇产量将有 3～5 倍的增长，有望快速达到 1 000 万 t 规模，带动乙醇生产和玉米种植、秸秆利用产业快速增长。以每吨乙醇燃料 5 000～6 000 元成本测算，市场规模超过 500 亿元。

（3）天然气分布式能源成本

根据美国通用电气公司（2014）报告，2020 年全球天然气分布式投资达到 2 000 亿美元规模，相应装机增量达到 200 GW，装机投资强度折算为 1 000 美元/kW（相当于 6 500 元/kW）。

城市级别天然气管网投资一般分城市间干线和城市内支线两类，成本按 500 万元/km（支线）—1 000 万元/km（干线）进行核算（国家发改委，2016）。

3.1.2.2 清洁能源投资收益估算

（1）光电和风电收益

国家发改委（2013）发布了《关于发挥价格杠杆作用促进光伏产业健康发展的通知》，明确分布式光伏发电项目的补贴标准为 0.42 元/（kW·h）（含税），通常地方上还会有配套补贴，如上海提供 5 年 0.4 元/（kW·h）全电量补贴，北京提供 5 年 0.3 元/（kW·h）全电量补贴，其他各省（区、市）均有 3～5 年不等的补贴政策。

根据当前新能源产业技术进步和成本降低情况，新建光伏发电和陆上风电标杆上网电价均在逐年走低。各地鼓励通过招标等市场化方式确定新能源电价。

对于集中式光伏电站，执行标杆电价。全国按太阳能资源条件和建设成本分为三类资源区，分区制定集中式光伏电站标杆电价（统购统销模式）：0.65 元/（kW·h）、0.75 元/（kW·h）、0.85 元/（kW·h）。"领跑者"计划项目竞价下降至 0.61 元/（kW·h）（协鑫新能源，2017）。对于分布式光伏电站，给予电价补贴：自用电量按照当地电网销售电价执行，上网电量按照当地脱硫标杆电价收购 [0.35～0.45 元/（kW·h）]；自用电和上网电量，均给以 0.42 元/（kW·h）的补贴（即全电量补贴）。

对于 2018 年新建的陆上风电，分 4 个区域分别执行标杆上网电价：0.4 元/（kW·h）、0.45 元/（kW·h）、0.49 元/（kW·h）、0.57 元/（kW·h）。对非招标的海上风电项目标杆上网电价为 0.85 元/（kW·h）。上网电价在当地燃煤机组标杆上网电价（含脱硫、脱硝、除尘电价）以内的部分，由当地省级电网结算；高出部分通过国家可再生能源发展基金予以补贴。

通常一个城市的可再生能源规划都会将分布式光伏、集中式光伏、陆上风电和海上风电分类统计，相应收益可以分别计算后进行叠加得出总量。

分布式光伏收益=

（自发自用比例×本地电价+上网比例×脱硫燃煤收购电价+

分布式光伏发电国家和地方补贴）×全部发电量 　　　（3.4）

集中式光电/陆上海上风电收益=

标杆电价（招标竞价）×全部发电量 　　　（3.5）

风能电站运行寿命一般 15 年，光伏电站运行寿命一般 25 年。运行成本主要包括设备组件折旧、融资财务成本、人员、维修、土地场地租金等。据能源新闻网报道（2016），基于对新能源上市公司的调查，光电和风电项目投资回报率为 10%～20%。分布式太阳能和集中式电站收益率相当，以上海某工业园区内 5 kWp 分布式太阳能系统为例，系统投入约 5 万元，年产 6 000 度电，30%自用，全年收益约 8 500 元，静态投资回报率达 17%，投资回报周期约 6 年。

综合考虑光电风电成本下降利好因素和 2020 年风电、光伏电价实现平价上网、补贴逐步取消以及"非光非风"等不利因素，建议风电和光电投资取 10%作为保底收益率计算投资回报。

（2）抽水蓄能发电收益

"十三五"期间新开工抽水蓄能电站约 6 000 万 kW（60GW），抽水蓄能电站装机达到 4 000 万 kW（40GW）（国家发改委，2016）。各省（区、市）水电标杆上网电价以本省省级电网企业平均购电价格为基础，实行丰枯分时电价或者分类标杆电价，且各地区水电价格均不同。如湖北省水电价格较高，有水电站达到 0.38 元/（kW·h），云南省水电价格较低，有水电站为 0.26 元/（kW·h）。国家发改委（2014）《关于完善抽水蓄能电站价格形成机制有关问题的通知》规定，在电力市场形成前，抽水蓄能电站实行两部制电价。电价按照合理成本加准许收益的原则核定。其中，成本包括建设成本和运行成本；准许收益按无风险收益率（中长期国债利率 4.17%）加 1%～3%的风险收益率核定。综上所述，建议小水电取 6%作为保底收益率计算投资回报。

（3）生物质能发电和燃料收益

国家对垃圾处理企业实行多种鼓励政策。国家发改委（2012）发布《关于完善垃圾焚烧发电价格政策的通知》指出，每吨垃圾上网电量为 280 kW·h，垃圾发电标杆电价 0.65 元/（kW·h），超过 280 kW·h 执行当地同类燃煤发电机组上网电价。国家对垃圾处理企业实施多方面税收优惠政策，减免营业税、增值税和企业所得税。除垃圾焚烧发电补贴一块外，垃圾处理费也是焚烧厂的主要收入之一。北上广深等一线城市的垃圾焚烧厂，焚烧 1 t 垃圾的价格在 100～200 元，平均每吨约 140 元（财新周刊，2016）。但随着市场放开，招标竞价机制的引入，垃圾处理费呈快速下降的趋势，甚至跌破每吨 20 元大关，不利于整个行业健康发展。从另一方面来说明，目前垃圾处理费 100 元/t 以上的焚烧厂收益率是相当可观的。E20 环境平台联合毕马威企业咨询（中国）有限公司（2015）《垃圾焚烧发电 BOT 项目成本测算及分析报告》指出，在自有资金内部收益率 8% 的前提下，垃圾处理服务费单价应在 60～70 元/t 可以维持正常商业运营。但考虑到环保成本上升和垃圾处理服务费下降等不利因素影响，建议新建垃圾焚烧厂取 8% 作为保底收益率计算投资回报。

填埋场沼气发电的电价也享受国家可再生能源优惠政策，比当地燃煤电价高 0.25 元/（kW·h），约 0.64 元/（kW·h）。以 2 MW 沼气发电站为例，投资 2 000 多万元，机组年运行成本约 160 万元，年发电量约 640 多万度，发电收入可达 416 万元，每年净收益 256 万元，静态投资回报率 13% 左右（华泰证券，2013）。目前全国已有的 500 多座地市级垃圾填埋场中，已建和在建的沼气综合利用工程的仅占总数的 15%（华泰证券，2013）。存量城镇垃圾超过 10 亿 t，到 2020 年沼气发电装机 18 GW，填埋气年发电市场空间每年超过 60 亿元（华泰证券，2013）。考虑到标准卫生填埋场沼气收集率有波动，建议填埋场沼气综合利用取 10% 作为保底收益率计算投资回报。

生物质乙醇燃料收益不仅体现在生产利润上，而且体现在上游玉米等粗粮和农业秸秆废弃物的利用效益上。推动乙醇汽油的使用，有利于中国当前积压的陈化粮进行去库存。生产 1 t 乙醇约需要 3 t 玉米，全国 1 000 万 t 乙醇产能需要消耗陈化粮 3 000 万 t，以 1 500 元/t 陈化粮价格计算，每年可减少粮食储存浪费 450 亿元，全产业链经济效益非常明显。

（4）天然气分布式能源收益

影响收益的主要因素是用能负荷、天然气价格、上网电价和政府补贴力度等。上海、长沙、青岛 3 个城市制定了针对天然气分布式能源的鼓励政策，补贴标准为 1 000～3 000 元/kW，补贴力度相当大，占总投资的 10%～30%。

对于天然气分布式能源的年成本主要有：设备折旧、运营成本、燃料成本等；而其年收益主要来源于：经营收益（包括电、冷、热经营收入）、国家补贴等。理想状态下，发电系统能效从 40%提升至 80%以上，每度电创造的经济价值都是现有电价的双倍。

中国能源报（2016）报道指出，随着技术进步，当天然气分布式热电冷联产单位投资降到（国际平均水平）的 7 000 元/kW 时，江苏、重庆、上海、广东、天津、江西、浙江、山东和安徽 9 个地区项目内部收益率均在 8.0%以上，其中江苏、重庆、上海和广东四地内部收益率均高于 10%。考虑到国家大规模推进天然气管网工程，国际天然气供应充足，国内页岩气实现技术突破，气价预期稳中下降，建议天然气分布式能源系统取 10%作为乐观收益率计算投资回报。

天然气管网干支线管网允许第三方管网公司建设运营，特许经营年收益率 8%（国家发展改革委，2016）。

北京郊区平谷区天然气进村工程户均投资 3 万元，远远高于城市燃气用户接驳费 2 000～4 000 元/户的水平（中诚信国际，2011），主要是由于郊区管网密度低、距离长造成的，乡镇管网大规模推广势必要大量依靠财政补贴。农村清洁能源替代项目将在农村能效提升一节做进一步说明。

3.1.2.3 清洁能源投资单位成本收益

本书涉及的投资成本主要包括项目本体成本，未包括电网改造调峰消化、垃圾收运等社会环境外部成本。综合本书 3.1.2.1 和 3.1.2.2 两节内容，清洁能源投资单位成本收益主要参数见表 3.1。

表 3.1　清洁能源投资成本收益率

清洁能源分类	投资强度	投资收益率	行业发展趋势
光伏			
分布式	800 万～900 万元/MW	10%	• 中国大多数地区属于光伏资源III类地区，以分布式光伏为主； • "十三五"计划从 105 GW 提高到 150 GW； • 2017 年领跑者光伏基地上网竞价 0.65 元/（kW·h），2020 年有望实现客户端平价上网
集中式	700 万～800 万元/MW	10%	
风能			
陆地	650 万元/MW	10%	• 2020 年，风电有望实现和煤电平价上网； • 2016 年，荷兰、丹麦海上风电开发成本接近陆上风电
海上	1 300 万元/MW	10%	
中小型水电			
抽水蓄能	1 000 万元/MW	6%	"十三五"期间严格控制小水电项目，加快抽水蓄能发电调峰项目
生物质能			
垃圾焚烧发电	2 400 万元/MW	8%	• 垃圾焚烧发电需解决前端垃圾分类问题以减少巨大环境社会外部成本； • 全国地市级卫生填埋场 500 多座，沼气综合利用/发电普及率不到 15%
垃圾填埋场沼气发电	1 000 万元/MW	10%	
乙醇燃料	5 000～6 000 元/t（生产成本）	10%(生产利润率)+陈化粮去库存	乙醇燃料产量从 300 万 t 将快速发展到 1 000 万 t，每年消耗陈化粮库存价值达到 450 亿元
分布式能源			
燃气多联供	650 万元/MW	10%	2020 年，燃气分布式能源规划达到 50 GW，目前市场规模（16 GW）仅相当于计划目标的 32%。随着国产技术进步，气价降低，行业呈上升态势
燃气管网			
城市支干线	500 万～1 000 万元/km	8%	2025 年前，每年天然气管网建 10 000 km，形成年产值 5 000～1 万亿级市场
郊区天然气入户	3 万元/户	公益性	城市郊区和乡镇建成区加快普及天然气管网

3.1.3 能效提升

本节讨论工业节能、农业节能和建筑节能的投资效益。计算方法依然是首先确定各达峰节能领域的分项指标，然后根据节能量或改造面积的单位投资强度，计算投资量。再根据"工农建"各行业的节能收益率，计算出相应节能收益和投资回报年数。交通能效内容将在本书 3.1.5 节低碳交通中介绍。

3.1.3.1 工业节能产业化：单位减排成本逐渐上升，投资收益率逐步下降

国家七大战略性新兴行业中节能环保位于榜首，为合同能源管理（EMC）节能模式提供良好发展空间。《"十三五"节能减排综合工作方案》提出到推动节能重点工程，形成 3 亿 t 标准煤左右的节能能力，到 2020 年节能服务产业产值比 2015 年翻一番。中国节能服务产业正在形成千亿级市场规模。

"十一五"期间，工业节能单位减排成本相对较低，自有资金收益率较高。

根据世界金融公司（IFC）的 CHUEE 能效贷款担保项目评估成果发现，第一期项目内部收益率 14.9%～60%，平均 21%；投资回收期为 0.68～7 年，平均 3.74 年，自有投资回报率 20%（气候组织，2011）。从 2006 年开始执行到 2010 年截止，128 个节能和可再生能源项目提供了逾 40 亿元人民币的贷款，总投资额超过 50 亿元，项目偏大型化，尤其二期平均每个项目贷款约为 900 万美元（按当时汇率计算人民币 6 300 万元），每年减少约 1 580 万 t CO_2 的排放，相当于节省 630 万 t 标煤消耗，节能投资强度为 793 元/t 标煤。

2011 年中国节能协会（EMCA）的报告数据也显示节能服务项目投资强度约为 881 元/t 标煤。

到"十二五"期末，随着粗放型工业节能改造接近后期，精益化工业节能深挖潜力，节能项目逐步从千万元级下降至百万元级，工业节能单位减排成本呈快速上升趋势。

以上海市为例，2015 年合同能源管理节能量达到 4 万 t 标煤（等价折合节电

1 亿度），推进合同能源管理项目 157 个，投资 1.662 0 亿元（上海经信委，2016），平均单个项目投资额度约 105 万元，节能投资强度约 4 100 元/t 标煤。通过计算可以得出，上海市合同能源管理项目年节能收益 9 600 万元，其中节能收益 7 200 万元、政府节能补贴奖励 2 400 万元，节能项目年收益率达到 60%，通过和企业业主单位的分享，节能服务公司的分成年收益率约为 30%，投资回报期约为 3 年，属于优质投资项目。

中国工业成熟度正走向国际发达经济体程度。借鉴国际成熟工业节能经验可以预测中国未来发展趋势。以德国为例，节能项目的投资回收期范围从 0～32 年不等，平均回收期为 6.1 年，同时 50% 的实施措施有少于 5 年的投资回收期（中国中小企业发展促进中心，2013）。预计中国"十三五"期间工业节能项目的投资回报期也将从现在的 3 年逐步延长至 6 年，投资收益率将从目前的 30% 逐步下降至 15%。

由此可见，"十二五"期末上海市百万元级别的节能项目投资强度（平均 4 000 元/t 标煤）是"十一五"期间大型节能项目投资强度（平均 800 元/t 标煤）的 5 倍。考虑到"十一五""十二五"和"十三五"节能潜力递减和节能工程成本上涨的因素，建议工业节能领域取 4 000 元/t 标煤（约 250 美元/t CO_2 减排成本）作为达峰成本核算标准，建议取 15% 作为工业领域节能服务投资保底收益率。

3.1.3.2　农村农业清洁改造："电气化"和"去煤化"

我国农村正在经历快速"电气化"的过程。《"十三五"节能减排综合工作方案》提出到 2020 年，全国农村地区基本实现稳定可靠的供电服务全覆盖。农村家庭电气化水平目前同城市相比虽然较低，但未来将进一步提高，农村居民生活用电将维持 12% 以上的增长率；现代化农业、"农家乐"生态旅游产业的发展，农村生产设施用电增加，农业结构优化也带来用电需求增长（何丰伦，2016）。

与电气化相匹配的是"去煤化"。北方农村取暖能源主要以散烧煤为主，户均每年烧煤取暖用量达到 3 t 以上。河北省农村年耗煤约 4 000 万 t，燃煤排放 CO_2

7 440 万 t（河北新闻网，2014），给全国空气污染治理造成极大压力。2017 年底前，河北省计划投资 6.5 亿元，每年实现减煤 1 400 万 t，实现农村生活清洁能源九成替代（燕赵都市网，2014）。河北省（2017）制定《农村散煤治理专项实施方案》，提出要在 2020 年，全省平原农村地区分散燃煤基本"清零"。北京 2017 年投资 85 亿元煤改气，其中农村居民煤改气 14.4 万户，折减燃煤 34.8 万 t；改造燃煤锅炉 5 100 蒸吨，折减燃煤 64.8 万 t（中国新闻网，2017）。吉林省规划到 2020 年开发生物质秸秆成型燃料 300 万 t，折合标煤 150 万 t，减排 CO_2 390 万 t，减排 SO_2 4 万 t，除满足 30 万户农户用能外，可供暖 5 000 万 m^2，约占 2015 年全省供暖面积的 8%（中国能源报，2017）。截至 2013 年底，我国处理农业废弃物沼气集中供气户已经达到158 万户，户均投资从 4 000 元到 20 000 元不等（胡启春等，2015）。

农业部（2011）《关于进一步加强农业和农村节能减排工作的意见》指出 3 方面共 12 项措施开展行动，其中主要包括：①深入开展农村生产生活节能，②积极防治农业面源污染，③大力推进农村废弃物资源化利用。

在各项节能措施中，推进农民生活节能、推进乡镇企业节能、大力开展农村沼气建设、推进农田水利工程灌溉节能、推进农业机械和渔船节能、推进规模化农业高产节能是主要行动措施的着力点。

建议针对表 3.2 中 6 类农村农业节能投资项目进行成本效益分析。

表 3.2　农业节能投资项目成本效益分析

序号	农业低碳投资项目	功能	节能效果	投资强度	投资收益
1	农机维修销售站	定期保养和维修机械，新型节能机械销售	减少农机油耗 10%	乡镇全覆盖，500 万元/站点	政府补贴运营，农机补贴 50%
2	小型农田水利工程	减少灌溉水输送流失	减少水量流失 50%，减少灌溉能耗 50%	1 000 元/亩[①]农田	财政资金 100%投入
3	乡镇企业锅炉改造工程	煤改气	100%改造燃煤锅炉，碳强度降低 50%	39 万元/蒸吨或者 2 900 元/t标煤	财政补贴改造 3 万～13 万元/蒸吨

序号	农业低碳投资项目	功能	节能效果	投资强度	投资收益
4	农民屋顶光伏发电工程	家庭分布式光伏扶贫工程	户均 5 kW 装机，万户实现 50 MW	1 万元/kW	投资收益率 10%
5	农村整村集中沼气综合利用工程	养殖场、秸秆沼气作为生活燃气替代煤炭	户均燃气 $1\sim2$ m³/d	户均投资 0.4 万~2 万元，政府补贴 50%	燃气价 0.7（福利）~1.6 元（自营）/m³
6	北方农村清洁取暖工程	燃气锅炉生物质锅炉替代散烧煤	户均压减煤 2 t 以上，二氧化碳减排 $5\sim6$ t	户均投资 2 000 元，政府补贴 100%	集中供热设施平均收益率 6%~8%

注：①1 亩=666.7 m²。

多数农村能源清洁化工程基本上公益属性，依赖政府"城市反哺农村"的投入。但是应该看到在国家大力推进农村高效农业和清洁能源过程中，实际给天然气产业、清洁锅炉产业、光伏产业、生物质燃料产业、新农业机械装备产业等提供了巨大的市场机会。如果以户均投资 2 000 元的成本乘以农村 1.5 亿户家庭的基数计算，农村清洁能源市场将达到 3 000 亿元规模。

3.1.3.3 建筑节能：和房屋品质提升挂钩

（1）中国城市建筑能耗仍将刚性上升

建筑业是中国经济快速发展的支柱产业之一，自 2009 年以来，建筑业增加值占国内生产总值比例始终保持在 6.5%以上。2016 年，全社会建筑业实现增加值 49 522 亿元。随着基础设施和城镇化建设持续拉动长期增长，预计从现在到 2025 年，行业年复合增长 4.7%，高于世界平均水平（EY，2016）。

2016 年全国居民人均住房建筑面积为 40.8 m²，城镇居民人均住房建筑面积为 36.6 m²，农村居民人均住房建筑面积为 45.8 m²（国家统计局，2017）。从数量上来讲，我国人均居住面积已经超过德国、英国、法国等欧洲国家（不到 40 m²）、韩国及日本（20 m² 左右），预计未来人均居住面积不会有大规模增长。

尽管中国建筑在数量上占优，但是短板是在于房屋质量偏低，能效标准不高。

清华大学建筑节能研究中心系列研究成果（2011—2017）表明，我国北方城镇住宅的单位面积年能耗达到 221 kW·h/m²；城镇公共建筑单位面积年能耗也高达 226 kW·h/m²，而夏热冬冷地区和南方地区住宅单位面积年能耗较低，分别为 88 kW·h/m² 和 80 kW·h/m²。夏热冬冷地区夏季制冷和冬季采暖能耗将持续增长，2020 年采暖能耗可能增长到 6 700 万 t 标煤（清华大学建筑节能研究中心，2011），很大程度上可能抵消北方采暖地区建筑节能改造的成果。

全国建筑一次能源消耗占全社会总能耗的 20% 左右（清华大学建筑节能研究中心，2011），但城市建筑能耗占比高于此比例。例如，北京市的建筑能耗占全市总能耗的比重在 2010 年就已经超过 50%（蔡伟光，2013）。纽约市 2012 年的建筑碳排放占全市总碳排放之比超过 75%，可见中国一线、二线大型城市建筑能耗比重仍将快速上升。

（2）既有建筑节能改造实现低碳普惠目标

为减缓城市建筑能耗快速上升趋势，"十一五"期间，财政部按严寒地区 55 元/m²，寒冷地区 45 元/m² 的标准进行补贴，完成北方既有居住建筑节能改造 1.82 亿 m²，年节能量 345 万 t 标煤，减排 CO_2 达 883 万 t。在"十二五"期间，继续完成北方既有居住建筑节能改造 4 亿 m²。同时启动了夏热冬冷地区 5 000 万 m² 住宅节能改造和全国范围的 6 000 万 m² 公共建筑节能改造的目标。对夏热冬冷地区住宅建筑改造按 20 元/m² 的标准发放。对重点城市的公共建筑改造提供 20 元/m² 的补助。据官方媒体报道，改造后住房同步实行按用热量计量收费，平均节省采暖费用 10% 以上。经改造后的二手房交易价格每平方米普遍提高 300～1 000 元，获益居民家庭接近 1 000 万户，圆满完成低碳普惠的既定目标。

（3）绿色建筑标准强制实施促进产业发展，但市场化程度仍不高

《国家新型城镇化规划（2014—2020）》提出到 2020 年将城镇化率由 53% 提高到 60%，未来中国将打造 20 个城市群，支持绿色城市建设，所有大于 2 万 m² 的政府投资建造和公共建筑必须符合绿色建筑标准。《"十三五"节能减排综合工作方案》进一步提出到 2020 年新建绿色建筑推广比例达到 50%，强化既有居住建

筑节能改造，实施改造面积 5 亿 m² 以上，2020 年前基本完成北方采暖地区有改
造价值城镇居住建筑的节能改造，完成公共建筑节能改造面积 1 亿 m² 以上，创
建 3 000 家节约型公共机构示范单位。大型公共建筑单位建筑面积能耗下降 30%
以上。

专栏 3.1 我国建筑能耗和绿色发展主要趋势

结合当下热点问题，我国建筑能耗和绿色建筑发展呈现两个主要趋势：

（1）从"有房住"向"有好房住"发展。虽然我国人均居住面积已经超过 40 m²，
但居住品质远远落后于发达国家。所以未来改造或新建房屋质量和居住舒适度一定
会有较大幅度提高，满足居民持续性改善需求。但也意味住宅能耗将持续升高，尤
其是南方地区和夏热冬冷地区。

（2）"房子是用来住的不是用来炒的"推动保障房发展。随着城镇化加速发
展，每年超过 2 000 万农村人口搬进城市居住，按人均 40 m² 的居住水平，每年城
市有 8 亿 m² 住宅开发任务。早在 2011 年，中央就提出 5 年新建保障性住房 3 600
万套，政府主导的保障房将超过商品房成为市场主力。这也意味着政府规划的 50%
绿色建筑标准达标率一定能实现。

有统计表明，截至 2012 年底，中国建筑存量达到 500 亿 m²，从"十一五"
北方采暖建筑大规模改造，到"十二五"开始对夏热冬冷地区住宅和全国公共建
筑进行大规模节能改造，同时大规模推广绿色建筑标准，2015 年建成累积 4.72
亿 m² 绿色建筑（保尔森基金会，2016）。2015 年开始，城镇新建建筑执行节能 65%
标准，北京等 4 个直辖市和有条件的地区率先实施节能 75% 的标准。为了推动绿
色建筑规模化发展，财政部 2012 年公布了对二星级以上绿色建筑的奖励标准，其
中二星级绿色建筑 45 元/m²，三星级绿色建筑 80 元/m²，还对二星级绿色建筑达
到 30% 以上，两年内绿色建筑开工规模不少于 200 万 m² 的绿色生态城区提供 5 000
万元财政补贴。

（4）依然存在的挑战

中央、省、市三级政府财政先后投入 1 000 亿元对既有建筑进行节能改造（保尔森基金会，2016），改造面积约为 7 亿 m^2，折算三级财政补贴平均达到 150 元/m^2。但不达标的存量建筑仍然巨大，满足节能标准的建筑仅占 20%，北方寒冷地区不节能住宅就超过 30 亿 m^2。由于市场机制没有建立起来，社会资本介入很少，城市建筑节能改造基本依靠政府公共财政支持。一旦公共财政补贴停止，建筑节能改造就停滞不前（保尔森基金会，2016）。如何提高新增建筑的节能效率，加快既有建筑的节能改造是中国目前面临的两大挑战（美国能效经济理事会和全球建筑最佳实践联盟，2012）。

"十三五"期间建筑节能与绿色建筑的投资需求，主要集中在以下 4 个领域：①高星级绿色建筑，②北方采暖地区居住建筑节能改造，③夏热冬冷地区居住建筑节能改造，④公共建筑节能改造。

据推算，"十三五"期间，我国新建公共建筑面积约为 21.16 亿 m^2，新建住宅约为 66.89 亿 m^2（保尔森基金会，2016），公共建筑和住宅比例大约为 1∶3 的关系。按照"十三五"规划，新建建筑占比达到 50%。假设一星级绿色建筑（以保障房和一般公共建筑为主）占绿色建筑 50%，增量成本几乎忽略不计，不需要额外投资。二星级绿色建筑占绿色建筑和三星级绿色建筑分别占 30%和 20%，其所产生的相应增量成本需要进行额外市场化投融资。

以长沙市为例，"十三五"期间绿色建筑增量成本可以根据表 3.3 计算，可以计算得到长沙市增量投资约 19.467 亿元。

对于北方采暖地区居住建筑节能改造成本的估算，可以按照老小区改造经验来估算单位成本，一般中央、省、市三级政府补贴，基本覆盖了既有建筑改造成本的 70%~80%。根据地区不同和改造标准不同，取 200（基础型改造）~400 元/m^2（达到 65%节能目标）作为节能改造单位成本。改造后同步实行按用热量计量收费，平均节省采暖费用 10%以上。按北京居民 24 元/m^2 采暖费计算，改造以后一年采暖季可节省 2.4 元/m^2 以上。如果仅从采暖费节省上计算投资回报，可能达到 100 年。但是居民楼改造后，物业普遍每平方米升值 300~1 000 元，这样节能改造的投资价值就通过物业升值显现出来了。

表 3.3　长沙市绿色建筑增量成本

建筑类型	"十三五"绿色竣工面积/万 m^2	绿色二星单位增量成本/（元/m^2）	绿色二星增量成本/亿元	绿色三星单位增量成本/（元/m^2）	绿色三星增量成本/亿元
公共建筑	1 333	136.42	5.455	163.23	4.352
居住建筑	4 000	35.18	4.222	67.98	5.438
小计	5 333	—	9.677	—	9.79
总计	19.467				

注：①绿色建筑单位增量成本资料来源：保尔森基金会，2016。

②长沙市以 2017 年上半年住宅成交量 800 万 m^2 按 50%比例往外推导出"十三五" 5 年绿色建筑竣工面积，公共建筑再按居住建筑面积的 1/3 比例折算。

③二星占绿建总量比例 30%，三星占绿建总量比例 20%。

同样在夏热冬冷地区的住宅节能改造，通过物业升值将节能改造的投资价值体现出来，而不仅在能源费的节省上。通常该地区住宅改造成本在 350 元/m^2 达到 65%的节能目标，700 元/m^2 达到绿色建筑二星以上标准。

而公共建筑的改造成本更高，投入 1 000 元/m^2 可以达到 65%节能标准，投入 1 300 元/m^2 达到绿色建筑二星以上标准（保尔森基金会，2016）。世邦魏理仕（2015）报告指出，绿色认证的甲级写字楼项目与未认证的同等级楼宇对比，绿建溢价比例为 1.5%~25.7%。

对比新建和改造建筑的增量成本可以发现，两者成本基本上相差一个数量级（表 3.4）。加大新建绿色建筑强制标准力度，是取得全社会成本最小化和收益最大化的最佳措施。

表 3.4　建筑节能和绿色建筑增量成本收益参数一览表　　　　单位：元/m²

建筑类型	改造建筑单位成本			新建建筑单位成本		收益
	基础型节能改造	65%节能标准改造	绿色二星以上标准改造	绿色二星单位增量成本	绿色三星单位增量成本	改造补贴：严寒地区 55 元/m²，寒冷地区 45 元/m²，夏热冬冷地区 20 元/m² 绿建补贴：二星 45 元/m²，三星 80 元/m²
公共建筑	—	1 000	1 300	136.42	163.23	能效提升 15% 物业租金较同类地区高 1.5%～25.7%
居住建筑（夏热冬冷地区）	—	350	700	35.18	67.98	能效提升 10%
居住建筑（北方采暖地区）	200	400	—	—	—	能效提升 10%以上物业升值 300～1 000 元/m²

3.1.4　产业结构调整：用最少碳排放实现最高经济增长

产业结构调整是一个城市立足未来发展的战略布局。发展势头良好的中国城市都在大力淘汰"低效高污染高能耗"产业，发展"低碳高附加值"产业。《十三五"国家战略性新兴产业发展规划》指出，2020 年战略性新兴产业增加值占国内生产总值比重从 2015 年的 8%提升到 15%，形成新能源汽车、新能源和节能环保为发展主体的绿色低碳产业，市场规模达到 10 万亿元级（表 3.5）。在信息技术和高端制造产业中，轨道交通装备、住宅产业化、特色资源新材料产业等，与绿色低碳产业也密切相关。

各地也在国家战略性新兴产业基础上定义具有地方特色的产业集群。在达峰行动方案中，通常可见城市大力发展战略性新兴产业培育经济新增长点，"退二进三"给现代服务业发展腾挪空间，一产、二产、三产融合发展打造"第六产业"推动农村农业现代化。

表 3.5　绿色低碳战略性新兴产业市场规模

战略性新兴产业	主要产业	2020 年预测市场产值
新能源汽车	电动汽车整车、动力电池、充电基础设施	5 000 亿元
新能源	风能、光伏、生物质燃料、生物质发电	15 000 亿元
节能环保	高效节能装备、节能技术系统集成、天然气分布式、节能服务产业、先进环保产业、资源循环利用	30 000 亿元（节能）+20 000 亿元（环保）+30 000 亿元（资源循环利用）=80 000 亿元
轨道交通	基础设施、轨交车辆装备	4 791 亿元（预测 2018 年）
住宅产业化	装配式住宅、装配式工商业建筑	7 500 亿元（新建建筑 15%）
合计		112 500 亿元

资料来源：1. 德勤. 2015. 清洁能源行业报告：迈向新主流.
　　　　　2. 国务院. 2016. "十三五"国家战略性新兴产业发展规划.
　　　　　3. 住房和城乡建设部. 2017. 建筑业发展 "十三五"规划.

这些举措都贡献于低碳经济发展战略目标：

用最少碳排放实现最高经济增长

城市在产业结构调整领域形成的行动方案通常有以下措施：

- 老工业基地"退二进三"改造

- 新能源、新光源、环保产业园区建设

- 新能源车产业基地建设

- 轨道交通高端制造产业园建设

- 循环经济产业园（循环化园区改造、城市矿产和静脉产业园）

- 住宅化产业基地建设

- 节能服务产业平台建设

- 产业投资引导基金

以上措施可以总结归纳为"城市新旧动能转换工程"（湘潭温室气体达峰研究，2018）。

新园区建设和老园区改造平均投资成本 30 亿～100 亿元/km^2

新园区建设遍地开花，有新能源、新能源车、新光源、轨道交通装备、节能环保、循环经济等，通常产业投资包括工业园区一级开发成本和企业固定资产投资成本。根据《上海产业用地指南》(2016)规定，工业用地产业项目类固定资产投资强度标准在 30 亿～70 亿元/km²。根据湖南长株潭城市群的低碳规划重点项目测算产业项目平均投资强度约 400 万元/亩，即 60 亿元/km²。杭州市对于创新型产业用地要求投资强度不低于 450 万元/亩、单位用地产值（营业收入）不低于 850 万元/亩、单位用地达产税收不低于 35 万元/亩、万元增加值综合能耗不高于 0.05 t 标准煤（杭州市人民政府办公厅，2014）。

老工业基地改造案例有北京市石景山区、株洲市清水塘老工业区、上海市桃浦工业区等。投资成本包括老产业安置费用、场地修复和新产业投资。株洲市清水塘老工业区占地 15 km²，172 家企业绿色搬迁成本 160 亿元，折合搬迁安置成本 70 万/亩。上海市工业用地减量化补偿款也在 80 万～120 万元。综合来看，老工业基地改造成本要大大超过新建园区，综合投资成本可能达到 100 亿/km²。

专栏 3.2 长沙案例

长沙市为推进经济结构调整和产业转型升级，出台产业投资基金，力争到 2020 年投资基金市本级财政出资达到 50 亿元，撬动 300 亿～400 亿元社会资本（长沙市政府，2015）。通过大力发展绿色金融，争取长株潭绿色金融改革试点，鼓励发展绿色债券、绿色证券、绿色保险、环保基金等创新型金融产品支持绿色低碳产业发展（湖南省发改委，2017）。在低碳城市建设重点项目中，撬动社会资本投入新能源车产业基地投资 73 亿元，住宅产业化基地投资 60 亿元，循环经济生态产业园区 300 亿元。规划 2020 年，打造新能源和环保产业、新能源车等千亿产业集群产业（长沙市政研室，2016），按年销售额 10%核算税收，通过税收可增加地方财力 100 亿元，占"十三五"期间增量财政的 15%左右，投资效益显著。

资料来源：① 长沙市人民政府.2015.长沙市产业投资基金管理办法.

② 湖南省发改委.2017.湖南省"十三五"战略性新兴产业发展规划.

③ 长沙市人民政府.2017. 长沙市低碳城市实施方案.

再以湘潭为例（湘潭温室气体排放达峰研究，2018），湘潭坚持用新发展理念追求高质量发展，坚持以投资和项目建设来调优结构、促进转型，产业投资占固定资产投资一半，2018 年计划完成 1 200 亿元。

为形成低碳产业生态集群，推动"多园互补体系"建设，重点发展以新能源、新能源车、住宅产业化和节能循环再制造四大产业为主的低碳产业集群。同时配套生产性服务业和产城融合大消费产业，形成"4+2"的低碳产业生态集群，共同组合低碳新动能，推动湘潭转型升级发展。

根据湘潭市产业规划和招商项目清单，课题组对 2018—2028 年符合"4+2"低碳特色产业项目进行了梳理，共计产业项目 22 个，总投资 1 826.37 亿元，预计 2028 年可产生增量税收 127.3 亿元/年，预计将占全市增量税收的半壁江山。相对传统产业，在相同经济产出为比较基准，湘潭市低碳产业生态系统可避免排放量预计达到 1 300 万 t CO_2。

3.1.5　低碳交通：占达峰投资的"半壁江山"

交通运输部印发的《加快推进绿色循环低碳交通运输发展指导意见》提出到 2020 年，在保障实现国务院确定的单位 GDP 碳排放目标的前提下，全行业绿色循环低碳发展意识明显增强，基本建成绿色循环低碳交通运输体系。

2016 年由保尔森基金会、能源基金会（中国）和中国循环经济协会可再生能源专业委员会共同撰写的《绿色金融与低碳城市投融资》报告指出，"十三五"规划就中国城市的绿色交通提出了宏伟的发展目标，对城市铁路、公交、电动汽车、自行车和城市道路等基础设施的投资约需要 4.45 万亿元人民币。

（1）电动车快速发展和燃油车能效改进是未来 15 年的可持续交通主线

城市层面的低碳交通投资包括低碳交通基础设施、低碳交通装备产业、低碳交通运营平台 3 个板块。其中基础设施包括快速公交道、轨道交通线路、慢行系统专用道（绿道）、充电配套设施、清洁能源充气站、电动车和共享自行车专用停车位以及智慧交通系统等；装备产业包括轨交车辆、电动汽车、电动巴士、混合动力货车和巴士、电动助力自行车、单车、个人电动脚踏板等（图3.1）。

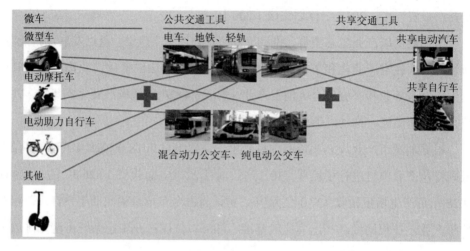

图3.1 城市低碳交通装备组合

随着环保技术和能源效率的快速发展，全球可持续交通也会以年均9.6%的速度增长。世界范围内可持续交通的市场在2013年为3 150亿欧元，到2025年将上升到9 440亿欧元。到目前为止，增长最快的是替代驱动技术。该市场将在2013—2025年实现26.6%的平均年增长率，将2025年的全球市场总额为3 100亿欧元，比2013年增长了16倍。这一快速增长的动力将主要来自电动车电力驱动系统，将达到大规模生产阶段。平均年增长率接近37.8%，该市场的总量中所占的份额将从2013年的28%上升到2025年的78%（Federal Ministry for the Environment，et al.，2014）。彭博新能源经济资讯（BNEF）（2017）的最新研究报告显示，到2040年全世界电动车保有量将达5.3亿台，目前全世界只有200万台电动车。新车销售上，电动车也将超过燃油车，占比将达到54%。

尽管德国等多个国家宣布2030年以后不再销售燃油汽车，但全球多数汽车将在未来10~15年仍然继续使用内燃机。内燃机的效率提升依然是可持续发展的主导市场的重要组成部分。无论是提升燃料效率还是延长电动车续航里程，减轻车辆重量和燃料消耗的轻型工程技术可以显著提高汽车的能源效率。该技术路线的全球市场数量在 2013 年为 608 亿欧元，到 2025 年将达到 1 505 亿欧元（年平均增长率为 7.9%）（Federal Ministry for the Environment，et al.，2014）。

（2）地铁轻轨、快速公交、有轨电车定位不同成本各异

城市公共交通通常包括公交、快速公交（BRT）、有轨电车和地铁。截至 2016 年底，中国获准建设城市轨道交通的城市由 2012 年的 35 个增加到 43 个，规划总里程约 8 600 km。到 2020 年，我国城市轨道交通运营里程或将达到 6 000 km，约有 6 万亿元投资将逐步落地（华夏时报，2017）。相对地铁交通投资成本昂贵，快速公交（BRT）投资成本仅为地铁的 10%左右，建设成本约 3 000 万元/km。城市有轨电车的建设成本比 BRT 系统要高，造价约为地铁的 1/6（1 亿元/km）。据不完全统计，国内已有21 个城市开通运营快速公交线路197 条，线路长度达 2 753 km（澎湃新闻，2017）。目前南京、大连、长春、上海、青岛、淮安、珠海等 10 个城市开通有轨电车，到 2020 年，全国计划建设的有轨电车线路总里程将达到 2 000 km（中国经营报，2015）。

（3）电动公交仍需要大量政府补贴

低碳公共交通工具和私家车出行对比有明显成本优势，但是根据现状技术水平，传统柴油巴士转换成电动巴士，综合年化成本有 30%的上升。REPIC（2015）报告显示，考虑车辆的初始购置成本和运行过程中的燃料费用，电动公交车的千米行驶成本 7.3 元，较传统燃油公交车 5.3 元/km 高 30%～40%。预计随着技术进步，未来 10 年电动车成本将大幅下降。《自然·能源》杂志上发表的最新分析报告说，电动车成本价格最早可能在 2022 年降至与传统汽车相当的水平（新华网，2017）。

（4）电动车充电设施市场蓬勃兴起

国家和地方正在跨越式发展新能源车市场，经测算，到 2020 年全国电动汽车保有量将超过 500 万辆，其中电动公交车超过 20 万辆，电动出租车超过 30 万辆，电动环卫、物流等专用车超过 20 万辆，电动公务与私人乘用车超过 430 万辆（国

家能源局, 2015)。但是充电设施匮乏和新能源车价格高企是新能源车普及使用的最大障碍。国务院《关于加快电动汽车充电基础设施建设的指导意见》(2015)明确, 原则上新建住宅配建停车位应 100% 建设充电设施或预留建设安装条件, 大型公共建筑物配建停车场、社会公共停车场建设充电设施或预留建设安装条件的车位比例不低于 10%, 每 2 000 辆电动汽车至少配套建设一座公共充电站。根据国家能源局《电动汽车充电基础设施发展指南 2015—2020》, "十三五" 期间, 全国需要新建公交车充换电站 3 848 座, 出租车充换电站 2 462 座, 环卫、物流等专用车充电站 2 438 座, 公务车与私家车用户专用充电桩 430 万个, 城市公共充电站 2 397 座, 分散式公共充电桩 50 万个, 城际快充站 842 座。据相关资料表明 (洛基山研究所, 2015), 私家充电桩平均成本 6 000~7 000 元/个, 公共充电桩平均成本 4 万~10 万元/个。根据需安装数量简单估算, "十三五" 全国充电基础设施需要千亿级别投资。

专栏 3.3　安庆新能源汽车充电设施 PPP 项目落地

全国首个地市级全区域特许经营的新能源电动汽车充电基础设施 PPP 项目在安庆签约。项目计划总投资 8.18 亿元, 到 2020 年, 将建设各类充电场站及公共充电桩近 20 000 个, 其中, 2016 年建成 1 800 个公共充电桩。

该项目严格按财政部有关政策规定规范推进, 在经过充分的市场测试后, 以竞争性磋商方式确定青岛特锐德电气股份有限公司 (联合体) 为中选社会资本, 负责项目资金筹集、工程建设和运营, 通过 "使用者付费 (充电服务费) +可行性缺口补贴" 方式获取项目投资及运营回报。

资料来源: 孙振. 2016-06-27. 安庆新能源汽车充电设施 PPP 项目落地. 人民日报.

德国柏林 Ubitricity 公司正在把柏林 50% 的路灯改造成充电桩, 500 欧元/个的改装成本将是目前家用充电桩的 50% 左右, 而整个德国而言, 有约 20 万个电线杆可供使用 (半导体照明网, 2016)。这给中国城市领导者和企业家提供了新的产业

创意。

（5）低碳交通收益经济核算

以长沙市为例，"十三五"期间，规划轨道交通投资（包括长株潭城际）共 1 186 亿元，公共交通投资（包括慢行道、公交专用道、电动公交车辆等）共 123.7 亿元，新能源车基础设施投资共 26.2 亿元，新能源车产业基地投资共 50 亿元（长沙市达峰研究报告，2017），新能源车购置投资 150 亿元，智慧交通平台及共享单车等其他投资约 1 亿元，可持续低碳交通领域总投资达到 1 537 亿元，平均每年投资 307 亿元，超过长沙市低碳实施方案重点项目总投资的 50%，相当于 2016 年长沙市全部固定资产投入的 4.6%。

低碳交通的直接收益包括新能源车销售增长、新能源车燃料费降低、公交替代机动车出行节省社会成本等。通过上述案例分析，预测到 2020 年，长沙市发展低碳交通的全年直接收益达到 105.5 亿元，相比"十三五"总投资额 1 537 亿元的静态投资收益率为 6.86%。所以低碳交通不仅极大提高城市效率，改善空气质量，而且在经济上长期有稳定回报。

专栏 3.4　如何计算低碳交通投资收益

以长沙市为例，未考虑间接收益：

参数 1：2020 年长沙市城镇人口 780 万人。

参数 2：2020 年新能源车年销售量达到 5 万辆，保有量 10 万辆，平均售价 15 万元/辆，平均税前利润率 10%。

参数 3：私家车年均行驶里程 1.5 万 km，新能源车百千米耗电量 10 度，相对燃油车成本降低约 5/6，节省成本约 0.5 元/km。

参数 4：2020 年日均机动车出行次数为 2.31 次；单次平均出行里程 6 km；公交分担率从 22% 提升至 43%，其中轨道交通占公交的 40%，单次公交出行票价 2

（公交车）~4 元/次（轨道交通），平均 2.8 元/次；单次私人汽车出行成本 6 元/次，暂时不考虑共享单车对机动车出行次数的影响。

①收益 1：新能源车销售收益=年销售量×售价×利润率=5 万辆×15 万/辆×10%=7.5 亿元

②收益 2：新能源车燃料费节省=新能源车保有量×年行驶里程×千米节省成本=10 万辆×1.5 万千米×0.5=7.5 亿元

③收益 3：公交（轨道交通）出行节省社会成本=城镇人口×365 天×日均机动车出行次数×公交分担率×（私家车出行成本−公交车出行成本）=780 万人×365×2.31×0.43×（6 元−2.8 元）=90.5 亿元

全部总年收益①+②+③=105.5 亿元

静态投资收益率：总收益/总投资=105.5 亿元/1 537 亿元=6.86%

资料来源：①长沙市达峰研究报告，2017。

②高德地图，2016 年度中国主要城市公共交通大数据分析报告。

如有详细数据支撑的情况下，低碳交通经济性分析还应考虑间接收益，包括缩短平均乘客千米通勤时间提升城市效率、共享单车减少"最后一公里"机动车燃油排放、空气污染减排健康收益等，本书由于篇幅有限，暂不加以讨论。

3.1.6　气候变化适应及城市碳汇

提升城市绿色基础设施适应气候变化，增加绿色空间碳汇生态服务功能是 21 世纪城市化进程中的新课题。绿色基础设施是指：城市用生态化、成本低、有弹性的自然模拟方式减低极端气候和雨洪内涝影响，并给城市带来多重服务价值（US-EPA，2017）。城市绿色基础设施是生态资产保值增值的重要组成部分。绿色基础设施最佳实现途径就是综合性措施通过土地管理和战略空间规划落地实现（European Comission，2013）。城市总体规划和低碳城市规划应当从生态系统角度提出气候变化适应战略，通盘整合城市绿地规划、碳汇城市和海绵城市规划。

城市绿色基础设施中，绿地的碳汇生态服务功能非常显著。过去几十年，世界森林每年吸收了全球 30% 的人造 CO_2（20 亿 t C/a），和海洋吸收量相当（NASA，2014）。城市绿地也具有相当森林碳汇的功能（表 3.6）。每公顷公园绿地相当于吸收了 3.6 t CO_2。

表 3.6　城市绿地和森林碳汇估算量

土地类型	固碳量/（tC/hm²）	碳汇转化量/（t CO_2/hm²）
绿地	1	3.6
阔叶树林	3.4	12.5
针叶树林	9.6	35.2
森林土壤	70	257

资料来源：何英. 2005. 森林固碳估算方法综述.

城市绿地还消减城市热岛效应。住建部《国家生态园林城市标准》对大城市热岛效应程度要求小于 2.5℃。研究表明，中心城区热岛效应强度每增大 1℃，办公类建筑空调能耗平均增加 16.73%，而住宅类建筑空调能耗平均增加了 13.82%（黄勇波等，2005），这相当于建筑总能耗增加 10%，通常建筑排放占城市总排放量的 20%，估算热岛效应强度每增大 1℃ 将提高城市碳排放总量 2%。曼切斯特大学的欧盟专项研究（2010）研究表明，通过城市绿廊、小型公共绿地、道路绿化、屋顶绿化以及立体绿化空间的蒸发降温效果，2080 年前增加 10% 的绿化面积将维持温度稳定或下降，反之如果降低 10% 的绿化面积，城市地表温度将上升 8.2℃。以长沙市为例，"十三五"期间，计划投资 320 亿元建设 3 000 km 城乡绿道，新建 600 个公园，新增城区绿地 1 500 hm²。纯粹从碳汇角度上来计算经济收益是无法平衡的，更多需要从城市提质升值和自然生态资产服务价值上平衡投资成本。

"海绵城市"也是绿色基础设施中重要部分，是中国版城市适应气候变化的重要举措。国家从 2015 年启动海绵城市试点，先后 30 个城市获批。根据《关于推进海绵城市建设的指导意见》，城市 70% 的降雨就地消纳和利用，到 2020 年，城市建成区 20% 以上的面积达到目标要求，2030 年 80% 以上的面积达到目标要求。住建部部长陈政高曾公开透露，预计海绵城市建设投资将达到 1 亿～1.5 亿元/km²。

首批 16 座试点城市计划 3 年内投资 865 亿元,建设面积 450 多 km²。到 2020 年,全国 658 个城市建成区的 20%以上面积需要达到设计标准,全国每年投资总额预计将超过 4 000 亿元。到 2030 年,城市建成区 80%以上的面积达到目标要求,需要资金约 16 000 亿元(中国经济周刊,2016)。

案例:PPP 助力海绵城市

《关于开展中央财政支持海绵城市建设试点工作的通知》专门规定,试点城市对采用 PPP 模式达到一定比例的,将按补助基数奖励 10%。这激发了社会资本参与海绵城市建设的积极性。目前各地也将 PPP 作为资金筹集的重要渠道。鹤壁市海绵城市试点建设总投资 32.87 亿元,其中政府财政投资 27.24 亿元,剩余 5.63 亿元资金需靠政府与社会资本合作(PPP)模式来解决,PPP 模式所占比例约 17.1%。南宁市那考河流域治理 PPP 项目是南宁市政府向国家申报"海绵城市示范区"范围内的重点项目,也是广西首个采用 PPP 的建设项目。该项目于 2015 年开工,总投资约 10 亿元,项目建设期为 2 年。

案例:海绵城市成为常德生态宜居城市建设抓手

湖南省常德市共有河湖面积 78 万亩,年均径流总量 1 356 亿 m³,占洞庭湖年均入湖径流总量的 48%。常德市已经有了 10 年的探索与实践,早年编制了《水城常德——江北城区水敏性城市发展和可持续性水资源利用整体规划》,在此基础上高标准编制了相关的 20 多个总体规划和专业规划。到 2014 年底,常德市城区启动的 110 多个项目中已完成 36 个,完成投资 80 亿元。2015 年 2 月,常德市正式启动海绵城市建设工作,同年获得三部委联合的海绵城市试点。计划 3 年内在近 42 km² 的中心城区范围内实施海绵城市建设试点示范,每年可获得中央财政资金 4 亿元,加速打造生态宜居常德。常德市三年来海绵城市建设有效降解热岛效应,2016 年比 2013 年热岛效应强度下降 0.92℃(新浪网,2017)。

案例：哥本哈根海绵城市有长期回报

丹麦首都哥本哈根市中心区域在最新一轮的雨洪（排涝）规划中应用了海绵城市的理念。在哥本哈根遭受过一系列洪涝灾害后，城市对于极端气候自身的弹性适应能力愈发显得重要。多学科的设计团队除了为规划提供水文分析和风景园林规划设计外，还运用了成本效益分析的方法研究，综合考虑 50 年评估周期的社会经济环境效益，得出了规划实施后经济回报（6.31 亿欧元）超过投资（4.89 亿欧元）的利好结论（表 3.7），净收益达到 1.42 亿欧元。由于灾害保险减少损失和房地产升值占总收益的 75%，所以房地产公司和保险公司均参与到规划建设，给中国海绵城市投融资市场化操作提供借鉴意义。

表 3.7　哥本哈根海绵城市规划方案的社会经济成本效益分析

单位：10^6 欧元

项目	规划方案 1	规划方案 2
空气污染收益	22	21
房地产税收益	42	42
保险止损收益	320	349
房产价格收益	151	150
设施更新节约收益	96	96
政府建设成本	−75	−71
水务公司建设成本	−260	−368
政府运营成本	−96	−72
水务公司运营成本	−58	−68
合计	142	78

资料来源：城市设计公众号，2017。

3.1.7　达峰投资经济性考量

本书 3.1.1～3.1.6 节重点分析了能源结构调整、"工农建"能效提升、产业结构调整、低碳交通、气候变化适应和城市碳汇等达峰重点领域的投资成本收益。

目的是为了回答城市管理者最关心的达峰投资经济性问题。

为了系统性回答开篇的问题，我们可以把达峰投资行动分为三类，即 A 类产业投资型、B 类基础设施投资型和 C 类公益投资型。每个类型项目的投资强度、投资回报、资金来源和操作模式都可以分类列出（表 3.8）。A 类产业投资型项目举例 12 项，基本上都是政府规划招商，引导社会资本投资；B 类基础设施投资型项目举例 10 项，则多数可以采取 PPP 模式进行操作；C 类公益投资型项目举例 8 项，则主要依靠政府财政投入，尤其是农村扶贫工程、城市绿地、电动公交等项目需要政府大量补贴。从项目级别的投资回报收益来看，A 类和 B 类大多数达峰投资都中长期具有良好稳定的经济回报，C 类公益性投资项目需要政府补贴，短期经济效益不明显。

表 3.8　达峰措施投资成本收益分析一览表

投资类型	达峰领域	投资项目	投资强度	投资年化收益率或收益来源	资金来源		
					政府	社会	PPP
A 类产业投资	产业调整	A1 老工业基地改造	100 亿元/km²	土地增值、税收增长	√	√	√
	新兴产业清洁能源	A2 新能源产业基地	30 亿～70 亿元/km²	企业利润、税收增长	√	√	√
	新兴产业低碳交通	A3 新能源车产业基地	30 亿～70 亿元/km²	企业利润、税收增长	√	√	√
	新兴产业能效	A4 环保节能产业基地	30 亿～70 亿元/km²	企业利润、税收增长	√	√	√
	新兴产业能效	A5 住宅产业化基地	30 亿～70 亿元/km²	企业利润、税收增长	√	√	√
	能效	A6 工业节能	800～4 000 元/t 标煤减排	年收益率 15%		√	
	能效	A8 新建绿色建筑（二星以上）	35（住宅）～165（公建）元/m²	物业升值	√	√	
	清洁能源废弃物管理	A9 填埋场沼气综合利用	1 000 万元/MW	年收益率 8%	√	√	

投资类型	达峰领域	投资项目	投资强度	投资年化收益率或收益来源	资金来源		
					政府	社会	PPP
A 类产业投资	新兴产业废弃物管理	A10 循环经济园区	5 亿～60 亿/km²	废弃物处理、企业利润、税收增长	✓	✓	✓
	低碳交通	A11 共享汽车和共享单车	—	使用者付费		✓	
	低碳交通	A12 城市电动物流	15 万/辆车	年收益率10%，企业利润		✓	
B 类基础设施投资	低碳交通	B1 公共充电设施	4 万～10 万元/个	年收益率8%～15%使用者付费		✓	✓
	低碳交通	B2 轨道交通	4 亿～8 亿元/km	沿线土地升值、城市效率提升	✓		✓
	低碳交通	B3BRT	3 000 万～5 000 万/km	沿线土地升值、城市效率提升	✓		✓
	清洁能源能效	B4 天然气分布式	650 万元/MW	8%		✓	
	清洁能源	B5 光伏	700 万～900 万元/MW	10%		✓	
	清洁能源	B6 风能	650 万～1 300 万元/MW	10%		✓	
	清洁能源	B7 抽水蓄能发电	1 000 万元/MW	6%～8%		✓	
	清洁能源	B8 燃气管网	500 万～1 000 万元/km	8%		✓	✓
	废弃物管理	B9 垃圾焚烧发电	2 400 万元/MW或48 万元/d 处理规模吨垃圾	8%～10%政府补贴		✓	✓
	碳汇与气候变化适应	B10 海绵城市	1 亿～1.5 亿元/km²	城市提质减灾损失	✓	✓	✓

投资类型	达峰领域	投资项目	投资强度	投资年化收益率或收益来源	资金来源		
					政府	社会	PPP
C类公益投资	能效	C1 既有建筑节能改造	200（住宅）～1 300（公建）元/m²	能效提高物业升值政府补贴	√	√	
	能效	C2 小型农田水利	1 000 元/亩	政府补贴	√		
	清洁能源	C3 农村整村沼气综合利用工程	0.4 万～2 万元/户	政府补贴	√	√	
	清洁能源	C4 农村光伏	3 万～5 万元/户	10%政府补贴		√	
	清洁能源	C5 北方农村清洁取暖工程	0.2 万元/户	政府补贴	√		
	低碳交通	C6 电动公交	运营里程增加成本 2 元/km	使用者付费政府补贴	√		
	低碳交通	C7 慢行绿道系统		城市提质政府补贴	√		
	碳汇与适应气候变化	C8 公共绿地	2 万～4 万元/亩	城市提质物业升值政府补贴	√		

A 类产业投资和 B 类基础设施投资适合通过长期绿债融资，以及政府和社会资本合作（PPP）方式市场化运作，C 类公益性投资归口到政府各条线和地区财政资金使用。国际经验表明，公共财政每投入 1 元钱用在政策研究、规划和项目前期准备，可以撬动 20～50 元社会资本投入项目落地和运营。城市政府应该做好财政资金做好公众宣传、项目规划和政策引导，以能源结构调整、低碳产业发展和低碳基础设施建设为动力，抓重点项目落地。

以长沙市为例（表 3.9），根据达峰分项指标和行业投资强度计算得到，到 2025年达峰，累计投资将达到 3261.7 亿元，相对基准情景减排 1 968 万 t CO_2。长沙市达峰目标实现带来的社会成本节省和直接经济效益将每年达到 220 亿元，届时将相当于财政总收入的 10% 左右。整体达峰投资回报期接近 15 年，具有稳定的经济回报并长期可持续。建议长沙市每年设立 10 亿元生态文明专项资金，做好低碳城市、循环经济、生态城市、海绵城市、公交都市、新能源示范等国家品牌项目落地的政策研究、项目规划、引导资金，撬动每年 300 亿～500 亿元社会资本投入生态文明和低碳城市建设。

表 3.9　2025 年长沙达峰措施的成本收益一览表

序号	7 大行动领域	类型	达峰贡献率/%	累计投资/亿元	年平均收益/亿元	静态投资回报年数/a	相对基准情景碳减排/万 t
1	本地能源结构调整和清洁能源替代	能源相关	28	165	13.25	12.5	543
2	能效提升		36	199.5	36.26	5.4	698
3	产业结构调整		11	823	100	8.23	205
4	适度经济增长减缓能源消费压力		16	—	—	—	318
5	交通低碳		9	1 336	69.2	19.3	175
6	废弃物资源化利用	其他	—	32.8	2.59	12.7	25
7	气候变化适应及碳汇		—	493.9	—	—	4
	合计		100	3 261.7	221.3	14.7	1 968

资料来源：ISC，ISEE，HILCC. 2017. 长沙市温室气体排放达峰研究.

3.2　重点项目碳经济性分析

通过达峰目标成本效益分析可以看出，绝大部分绿色低碳项目是在经济上有盈利回报的，无外乎是投资回报年数长短问题。如果需要调动社会资本大举投入低碳事业，政府应牵头作出一些创新性的金融政策安排，辅之以一定的财政支持，就可能通过降低融资成本和投资风险，提高资金的可获得性，使得大量民间资本愿意投资于绿色低碳项目。

项目可行性前期评估通常需要综合研究其碳经济性，即如何在碳减排和投资经济性两者之间找到最佳平衡点。在本书中，我们采用两种方法判定项目碳经济性。第一种方法是以碳经济度为指标，即以城市项目总投资和总减排量作为框架条件，分别计算项目减排占总减排量比例以及项目投资占总投资量比例，两个比例的比值称之为碳经济度。可见，碳经济度越高，说明碳经济性越强，在城市达峰项目群中优先实施；第二种方法是以碳投资强度为指标，即以项目单位减排量（$t\,CO_2$）的投资量作为衡量指标，碳投资强度越低，说明碳经济性越强。这两种方法均适用于城市达峰项目库项目筛选排名。第一种方法强调项目在整体城市达峰项目中的贡献度，第二种方法分别计算单个项目（集群）的碳经济性，根据强度高低进行筛选排名，而且单位碳减排投资额（元/$t\,CO_2$）指标容易理解操作，所以在实际达峰方案中推荐使用。

3.2.1　碳经济度分析——以长沙市为例

本书根据国家发改委《绿色债券指引》（2015）对于长沙市低碳试点方案中的 8 项类别 80 项重点项目进行梳理，并部分结合长沙市循环经济项目表、生态建设规划项目表和海绵城市项目表，共梳理出六大类别 50 个符合绿色融资要求的项目，总投资 3 148.92 亿元。这些重点项目跨度从 2016 年到 2025 年。重点项目类型和七大达峰行动领域高度吻合，包括产业低碳转型、优化能源结构和能效提升、发展低碳交通、推进绿色低碳建筑、推广应用清洁低碳技术、绿化碳汇和气候变化适应。

50 个重点项目直接减排（碳汇）量为 680.2 万 t，占 2015 年现状碳排放总量的 9.45%，占达峰情景减排量的 30%。其中单项最大减碳项目是保利协鑫分布式能源项目，每年减 CO_2 167 万 t，加上其他分布式能源项目，共减碳达到 267 万 t，占总减排量的 39.2%，而投资占比仅 1.2%，投入产出比极高，属于最佳低碳项目。公交出行优先项目由轨道交通、公交车清洁能源化等组合项目构成，减排贡献很大，达到 170.6 万 t，占总减排量的 25%，投资占比为 40%。其他类型项目，如光伏项目减排贡献超过 100 万 t，占总减排量的 14.7%，投资占比仅 3%；风能项目减排贡献超过 56 万 t，占总减排量的 8.2%，投资占比为 1%；小水电项目减排贡献超过 8.9 万 t，占总减排量的 1.3%，投资占比 0.1%；乡镇管道天然气工程减排贡献超过 6 万 t，占总减排量的 0.88%，投资占比 0.09%；生物质和沼气项目减排贡献超过 2.12 万 t，占减排量 0.3%，投资占比 0.08%；碳汇项目固碳贡献超过 5.8 万 t，占总减排量的 0.8%，投资占比为 10.8%；垃圾发电项目减排贡献 34 万 t，占总减排量的 5%，投资占比为 1%；住宅产业化项目贡献 24 万 t，占总减排量的 3.5%，投资占比为 25.7%。

各分类别项目碳经济度是项目减排量占总减排比例除以项目投资量占总项目投资比例的比值［式（3.6）］。

碳经济度计算公式为

$$碳经济度 = （同类项目总减排量/城市总减排量）\div$$
$$（同类项目总投资量/城市总投资量） \qquad (3.6)$$

当碳经济度大于 1 时，显示项目碳经济性超过平均值，反之小于 1 时，显示项目碳经济性低于平均值。比值越高说明碳经济性越强，花钱少且减排多。表 3.10 和图 3.2 根据碳经济度进行项目优先序排列，天然气分布式能源项目碳经济度为 32.6、小水电项目（13）、乡镇天然气管道项目（9.7）、风能项目（8.6）、垃圾发电（5.1）、光伏项目（5.1）、均显示强碳经济产出。虽然公交优先、住宅产业化项目和碳汇项目的碳经济度分别为 0.63、0.14 和 0.07，显示弱碳经济产出，但这 3 类项目对拉动经济，提升城市效率和生态环保效益贡献极大，所以也是低碳城市试点的重点领域。其他项目，如产业低碳化和气候变化适应等项目，或者由于项目量比较小，或者由于间接减排难以核算，或者缺乏气候风险数据，故暂不根据碳经济度排名。

表 3.10　长沙市达峰重点项目（集群）碳经济性排序表

优先度	项目分类别	直接减碳量/（万 t/a）	占总减排量比例/%	项目投资额/亿元	占总投资额比例/%	碳经济度
1	天然气分布式能源	267	39.2	36.7	1.2	32.6
2	小水电项目	8.9	1.3	3.3	0.1	13
3	乡镇天然气管道项目	6	0.88	3	0.09	9.7
4	风能项目	56	8.2	30	0.95	8.6
5	垃圾发电项目	34	5	30.86	0.98	5.1
6	光伏项目	100	14.7	92	2.9	5.1
7	公交优先项目	170.6	25	1249.6	39.7	0.63
8	住宅产业化项目	24	3.5	810	25.7	0.14
9	碳汇项目	5.8	0.8	340.2	10.8	0.07
10	其他项目	7.9	1.42	553.46	17.6	0.08
	总计	680.2	100	3 148.92	100	1

资料来源：ISC，ISEE，HILCC. 2017. 长沙市温室气体排放达峰研究.

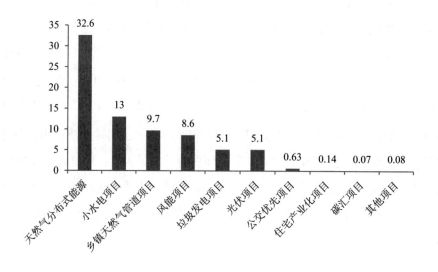

图 3.2　重点项目（集群）碳经济图——以长沙市为例

资料来源：ISC，ISEE，HILCC. 2017. 长沙市温室气体排放达峰研究.

根据碳经济性排序，建议长沙市在低碳试点实施中，重点推进天然气分布式能源、小水电项目、乡镇天然气管道项目、风能项目、垃圾发电项目和光伏项目，以取得碳排放减排最佳经济效益。

根据重点项目清单，2016—2020 年长沙市每年用于城市低碳发展的社会投资需求量都在 500 亿元左右，约占全市年固定资产投资量的 8%。即使低碳项目具有明显经济环境效益和公益属性，财政资金最多只能覆盖低碳投资需求的 5%～10%。考虑未来 5 年综合减税和土地收入减少等诸多因素影响，财政资金可能投入可能更小，所以绝大部分投资需要来自社会资本投入。

在缺乏强大财政支持的环境下，长沙市创建低碳试点必须依靠市场化为主要手段。探索如何大规模利用绿色债券、PPP 和政策性金融贷款等形式支持低碳试点示范可以成为湖南低碳试点的亮点和驱动力。

3.2.2　碳投资强度分析——以湘潭市为例

碳减排投资经济强度（以下简称"碳投资强度"）是指单位项目减排量的投资成本。碳投资强度数值越低说明碳经济性越强。表 3.11 和图 3.3 显示重点工程碳投资强度、减排量以及投资规模。

表 3.11　湘潭市达峰重点项目（集群）碳经济性排序表

工程项目集群	碳投资强度/（元/t）	减排量/万 t CO_2)	减排占比/%	投资规模/亿元	投资占比/%
重点企业节能减排攻坚工程	1 600	1 000	38.5	160	7.1
新旧动能转换工程	14 049	1 300	50	1 826.37	80.8
气化湘潭工程	10 084	136	5.2	137.15	6.1
无废城市工程	4 084	28.5	1.1	11.66	0.5
零碳能源工程	5 693	95	3.7	54.09	2.4
绿色低碳建筑大规模推广工程	27 745	15.3	0.6	42.45	1.9

工程项目集群	碳投资强度/（元/t）	减排量/万 t CO$_2$)	减排占比/%	投资规模/亿元	投资占比/%
住宅产业化工程	29 569	9.3	0.3	—	—
低碳交通工程	18 714	14	0.5	26.2	1.2
总计	8 696（加权平均）	2 598	100	2 257.92	100

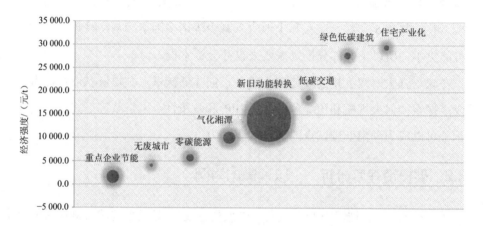

图 3.3　重点项目（集群）碳经济图——以湘潭市为例

注：纵坐标表示项目碳经济强度（元/t CO$_2$ 减排），越低说明碳减排投资经济性越强，气泡大小表示投资规模。

　　结果显示，重点企业节能降耗攻坚工程碳经济性最强，为 1 600 元/t CO$_2$ 减排。综合 8 大重点工程的碳投资强度的加权平均，得出湘潭市重点工程碳投资强度平均为 8 696 元/t CO$_2$ 减排。

第4章
落实达峰路线图

4.1 城市达峰是一个价值实现的过程

落实达峰路线图的进程就是一个城市实现经济繁荣、低碳转型的过程。达峰目标的实现不仅是外部压力驱动，更多的是由内在动力驱动，因为转型过程确实有淘汰落后产能的阵痛，更多的是新生产生活方式转变带来的巨大经济、社会和环境价值收益，具体体现在以下几个方面。

（1）降低工商业成本，创新发展低碳产业，逐步实现碳排放与经济增长脱钩

长沙市达峰研究表明，到 2025 年，低碳达峰情景与基准情景（既有政策情况下）相比，节省的全社会成本和创造的直接年收益总共可超过 220 亿元，相当于财政总收入的 10% 以上。重点发展的战略新兴性产业中，清洁能源环保、新能源车和创意文化产业，到 2025 年都有望发展成千亿级规模产业，将占整个城市 GDP 的 20%，成为经济繁荣的重要驱动力之一。

（2）提高当代人健康生活品质，协同环境保护效益

2015 年，中国城镇常住人口达到了 7.7 亿人，超过欧洲全部人口或者比美国人口的两倍还要多，且每年城镇人口还增加 2 000 万人。城市居民对生活品质的追求将逐渐成为城市品质提升和消费结构转型的主要驱动力。Brookings 的最新研究报告表明（Homi Kharas，2017），全球平均每个中产年消费 1.1 万美元（合约 7 万元人民币），消费方向都是保证其生活品质相关产品和服务，占全球经济总量的

1/3。如果中国城镇人口逐步达到世界平均中产消费水平，中国城镇人口生活方式提质转变将每年创造超过 50 万亿人民币的经济需求。

碳排放达峰目标的实现和城市生活品质提升是一致的，涉及多个领域，从清洁能源到能源效率，从清洁生产到垃圾利用，从低碳交通到绿色建筑，从森林碳汇到海绵城市，每一项成就贡献于生态宜居城市建设。实现达峰目标，可以协同减少空气污染的 80%。

（3）提高城市抗灾害免疫力，降低下代人气候灾难的风险

问题 1：气候变化将增加自然灾害发生的频率，特别是极端天气事件。北京市 2012 年 7 月 21 日的特大暴雨事件受灾人口达到 160 万人，直接经济损失达到 116.4 亿元（财新网，2012）。

问题 2：气候变化导致的海平面上升将极大影响入海口城市饮用水供应。上海几乎每年都遭遇咸潮入侵，严重时影响自来水供应。2014 年春季长江枯水期，上海长江口咸潮入侵影响历时 23 天，远远超过了水源地水库承受 10 天咸潮的设计能力，导致自来水氯化物浓度持续超过 250 mg/L 的国家地表水标准，最高超过 3 000 mg/L，影响供水人口约 200 万人（人民网，2014）。未来随着海平面上升和流域水流减缓的多重不利影响，渤海湾、长三角和珠三角等城市群潜在的饮用水安全问题亟待解决。

采取气候变化适应措施，保护海岸带、河湖湿地滩涂、建设海绵城市、增加城市碳汇等绿色基础设施投资可以提高城市抗灾害免疫力。国际权威研究报告表明，当代减排成本仅仅相当于下一代气候灾难成本的 1/15（EPA，2014）。在未来 15 年内，60 亿美元的减灾投资能够减免 3 600 亿美元的气候灾难损失（UN-SDG，2015）。

4.2 落实达峰路线图的保障措施

保障达峰路线图的落实就是保障城市低碳增值的最佳途径。根据我国现阶段

发展特点，以及城市资源禀赋和发展定位及方向，设计从路线图指标管理、社会资本引导和低碳民生投入等三方面的具体保障措施。

4.2.1 路线图指标管理

路线图的核心是达峰倒逼机制，是一个从上到下的压力-响应调控机制。

（1）达峰目标确定和指标分配

试点城市实施方案报国家发改委审批通过后，即官方确立了达峰年和达峰总量目标，应当在年度政府工作报告中进行官方确认。在工作执行过程中，政府应牢牢抓住达峰路径目标管理体系的"牛鼻子"，从七大关键领域和细分领域分别落实行动，明确关键指标和负责部门。达峰研究建议的各部门指标还需要征求各部门意见，最后指标分配结果在政府部门联席会议予以确认。

（2）达峰路线图指标管理和政策配套

分为清单管理、指标分配、信息公示、绩效评估等关键步骤。建立国家低碳试点部门联席会议制度，发挥协同效益。协同空气治理、智慧城市、海绵城市、都市公交、循环经济和生态城市等条线，低碳牵头部门（发改委）负责落实管理工作经费，会同职能部门一起进一步深化补短板政策，条件成熟尽早陆续出台。保持低碳规划与空间规划的衔接，"多规合一"有利于推进低碳城市建设。

（3）指标绩效奖励

指标完成的绩效应当和负责人员职位晋升和公开评选奖励机制挂钩。未完成指标的部门应当进行内部原因分析和联席会议汇报。如有必要，建议聘请第三方机构进行绩效评估。

4.2.2 基于科学规划、公平开放的原则引导社会资本投入

通过多种市场化融资手段支持低碳城市试点是一种必要且可行的策略。通过产业基金、政策贷款、PPP 以及绿色债券的组合，可以大规模加快引导市场资金推动城市低碳转型发展。

（1）顶层设计绿色金融促进低碳城市发展的政策

省级发改委和试点城市从顶层设计出发，研究出台针对加快绿色金融（债券）融资的相关试点政策。例如，通过减免税收来激励绿色债券融资以及通过对绿色贷款贴息，增强投资人信心，进一步降低绿色债券的融资成本，可以使一元钱的财政资金撬动几十乃至上百元的民间资本，其杠杆效果远远大于对政府对低碳项目的直接投资。每年安排财政资金做好项目前期规划。出台绿色债券评估指南和严格信息披露制度，对于财政贴息和减免税收的绿色低碳项目必须通过第三方机构验证。着力培育本地的独立第三方验证机构。

（2）建设项目库平台，聘请专业机构开展项目前期辅导准备

省级、市级发改委组织多种形式的论坛、推进会，动员各部门和企业积极开发绿色债券项目。和国家发改委保持密切项目沟通，参照 PPP 项目库模式，建立低碳绿色金融项目库，和国内外知名专业机构合作，通过各种形式的项目辅导和预可研报告，提升项目质量。待条件成熟与国家投资项目库进行对接。

（3）开放市场，加快项目开发和储备

城市可以根据路线图达峰路径，重点调研市场发展瓶颈，制定策略开放低碳经济市场，每年谋划百亿级重点项目推进计划，吸引创新企业和人才落地发展。建议将碳经济度高的天然气分布式能源等优质项目作为重中之重，积极协调证券公司、银行与企业对接，促进绿债项目和主权贷款项目尽快落地，早日产生减排和经济效益。

（4）低碳园区试点发行中小企业绿色集合债

低碳试点项目覆盖面广，有些项目资金不大。中小企业也由于规模较小难以独立发债。可以探索由地方园区牵头，整合中小企业以低碳环保为主题发行集合债，可以明显降低融资成本，提高绿色企业资金的可获得性。

（5）加强务实国际合作，引进亚洲发展银行、世界银行、金砖银行等国际主权金融贷款，利用低碳试点城市打造新一轮对外开放高地

联合国内外赤道原则银行、政策性开发银行、责任投资人和咨询机构等利益

相关方，努力吸引国际投资和国际金融在地服务，为低碳城市转型发展添加源源不断动力。

4.2.3 保证财政资金投入到低碳民生领域

既有住宅节能改造、都市公交、慢行绿道系统、公共绿地、农村整村沼气综合利用工程、农村光伏扶贫、北方农村清洁取暖工程、废弃物分类处置等多项达峰公益性投资均需要政府财政专项资金投入。低碳民生工程既减少碳排放，又让老百姓有获得感，实现低碳普惠行动目标。

（1）老小区改造增加保温节能功能

和棚户区拆旧盖新不同的是，老小区改造基本保持建筑主体结构不变，对屋顶、外墙、门窗、公共设施和小区绿化等部位进行改造，项目实施提高老小区居住品质。北方地区住宅改造案例表明，节能改造后的住房平均二手房交易价格提升了 300～1 000 元，居民得到了最大的实惠。以 200 元/m² 改造投入来预算，政府投入均在改造费用的 70%～80%。

（2）公交和慢行系统补贴减少交通出行排放并降低居民出行费用

本书 3.1.5 节举例说明，长沙市发展低碳交通的全社会年直接收益达到 105.5 亿元，公交出行单次成本相比自驾车出行减少 50%以上。公交系统的财政投资促进"贫民公交"转变为"市民公交"，既提高城市效率又提高出行舒适度。绿道慢行系统既方便居民休闲又解决"最后一公里"的接驳问题，降低机动车出行比例，提高居民慢行交通安全。

（3）建设公共绿地增加碳汇提升城市宜居水平

每公顷公园绿地相当于吸收了 3.6 t CO_2，同时有效消减热岛效应。以上海地区为例测算，城区热岛效应强度降低 1℃，可节约夏季居民住宅空调能耗 10%以上，约节省空调用电 150 度，相当于平均每户节省电费开支 60 元。

从宜居上考量，中国大多数城市能够满足世界卫生组织（WHO）推荐人均公共绿地面积 9 m² 以上的最低标准，但远远落后于新加坡人均公共绿地面积 66 m²

的水平。上海市 2040 年目标是人均公园绿地面积翻一番，达到 15 m^2（上海总体规划 2016—2040）。

（4）农村能源清洁化转型

传统中国农村以"柴火"等生物质作为主要炉灶燃料。北方农村取暖基本燃料为散烧煤，户均每年烧煤取暖用量达到 3 t 以上。河北保定地区农村 3/4 能源消耗来自散烧煤（支国瑞等，2015），整个河北省农村年耗煤约 4 000 万 t，燃煤排放 CO_2 7 440 万 t，成为京津冀地区空气污染的重要源头之一。据相关资料估计，在环保措施完全缺失的状态下，农村散烧煤用量达到 2 亿 t，相当于碳排放 5 亿 t，占中国碳排放总量的 5%左右。政府应加大投入，推广农村整村沼气综合利用工程、农村光伏扶贫、北方农村清洁取暖工程、乡镇天然气工程等能源清洁化项目。在不增加农民经济负担的前提下，减少 CO_2 排放将达到亿吨级别，同时大量消减雾霾源头污染。

在本书附录 2 中，收录了 60 项低碳措施清单。这些措施均可以贡献于城市达峰，建议读者深入研究各项措施本地化实施的可行性，尽早实现碳排放与经济增长脱钩，将城市打造成既是"金山银山"，又是"绿水青山"的国家级低碳城市。

参考文献

[1] 半导体照明网. 2016. 德国的路灯充电桩模式在中国是否适用？[EB/OL]. http：//lights. ofweek.com/2016-05/ART-220001-8440-29097277.html.

[2] 保尔森基金会. 2016. 中国城市绿色建筑节能投融资研究[EB/OL]. https：//max.book118. com/html/2017/0316/95719378.shtm.

[3] 财新周刊. 2016. 低价垃圾焚烧厂隐忧[EB/OL]. http：//weekly.caixin.com/ 2016-04-01/ 100927239.html.

[4] 财新网. 2012. 近期 12 个省份遭受洪涝灾害损失过亿元[EB/OL]. http：//special.caixin.com/ 2012-07-27/100415567.html.

[5] 蔡博峰，王金南. 2013. 基于 1 km 网格的天津市二氧化碳排放研究[J]. 环境科学学报，33 （6）：1655-1664.

[6] 蔡博峰，张力小. 2014. 上海城市二氧化碳排放空间特征[J]. 气候变化研究进展，10（6）：417-426.

[7] 蔡博峰. 2014. 中国 4 个城市范围 CO_2 排放比较研究——以重庆市为例[J]. 中国环境科学，34（9）：2439-2448.

[8] 蔡伟光. 2013. 省级建筑能计算与节能潜力预测方法研究[R]. 能源基金会资助研究报告.

[9] 长沙市人民政府. 2015. 长沙市产业投资基金管理办法[EB/OL]. http：//www.yuhua.gov.cn/ xxgk/A03/A0337/gzdt/201603/t20160330_776007.htm.

[10] 长沙市人民政府. 2017. 长沙市低碳城市实施方案[R].

[11] 城市节能. 2017. 我国城市生活垃圾处理现状分析[EB/OL]. http：//www.boyzondarun.com/

2/30293.html.

[12] 城市设计. 2017. 蓝色的红利：哥本哈根雨洪管理规划和投资效益[EB/OL]. http：//mp.
weixin.qq.com/s/LLM-9QQs88pOB5CbZXEHIw.

[13] 德勤. 2015. 2015 清洁能源行业报告：迈向新主流[EB/OL]. https://www2.deloitte.com/cn/zh/
pages/technology-media-and-telecommunications/articles/2015-cleantech-industry-report.html.

[14] 2050 中国能源和碳排放研究课题组. 2009. 2050 中国能源和碳排放报告[M]. 北京：科学出
版社.

[15] 风电网. 2014. 数据说话：世界及各地区风电成本变化趋势（图）[EB/OL]. http：//windpower.
ofweek.com/2014-11/ART-330000-8110-28906639.html.

[16] 冯超. 2014. 城市框架内的碳足迹量化方法及影响因素研究[D]. 广州：华南理工大学.

[17] 光明网. 2016. 中国经济新常态的六大特征及理念[EB/OL]. http：//economy.gmw.cn/
2016-01/11/content_18447411.htm.

[18] 工信部. 2010. 关于进一步加强中小企业节能减排工作的指导意见[EB/OL]. http：//www.
gov.cn/ zwgk/2010-04/26/content_1592469.htm.

[19] 国家发改委. 2015. 绿色债券发行指引[EB/OL]. http：//www.ndrc.gov.cn/zcfb/zcfbtz/
201601/W020160108387358036407.pdf.

[20] 国家发改委. 2016. 天然气管道运输价格管理办法（试行）[EB/OL]. http://www.ndrc.gov.cn/
zcfb/gfxwj/201610/W020161012521116104067.pdf.

[21] 国家发改委. 2016. 能源发展"十三五"规划[EB/OL]. https：//wenku.baidu.com/
view/13935129a22d7375a417866fb84ae45c3b35c283.html.

[22] 国家发改委. 2016. 可再生能源发展"十三五"规划[EB/OL]. http：//www.ndrc.gov.cn/
zcfb/zcfbghwb/201612/W020161216661816762488.pdf.

[23] 国家能源局. 2015. 电动汽车充电基础设施发展指南（2015—2020 年）[EB/OL]. http://www.
ndrc.gov.cn/zcfb/zcfbtz/201511/W020151117576336784393.pdf.

[24] 国家统计局. 2017. 居民收入持续较快增长人民生活质量不断提高——党的十八大以来经
济社会发展成就系列之七[EB/OL]. http：//www.stats.gov.cn/tjsj/sjjd/201707/ t20170706_

1510401.html.

[25] 国家统计信息网. 2007. 彭志龙等：我国能源消费与 GDP 增长关系研究[EB/OL]. http：//www.
stats.gov.cn/ztjc/ztfx/grdd/200706/t20070601_59021.html.

[26] 国家质检总局，国家标准委. 2015. 关于批准发布《工业企业温室气体排放核算和报告通
则》等 11 项国家标准的公告[R].

[27] 郭茹，曹晓静，李风亭. 2011. 上海市能源碳排放 2050. 上海：同济大学出版社.

[28] 杭州市人民政府办公厅. 2014. 市政府办公厅关于规范创新型产业用地管理的实施意见
（试行）[EB/OL]. http：//www.hangzhou.gov.cn/art/2014/1/17/art_964938_285230.html.

[29] 华夏时报. 2017. 6 万亿投资钱从何来？满眼都是开往二线城市的地铁[EB/OL]. http：//finance.
eastmoney.com/news/1355，20170624749881175.html.

[30] 河北新闻网. 2014. 河北：至 2017 年清洁能源替代农村 1 500 万吨燃煤[EB/OL]. http：//
hebei.hebnews.cn/2014-08/28/content_4135496.htm.

[31] 湖南省人民政府. 2016. 湖南省国民经济和社会发展第十三个五年规划纲要[EB/OL].
https：//www.hunan.gov.cn/hnyw/zwdt/201604/t20160425_4760142.html.

[32] 何丰伦. 2016-11-28. 中国农村用电结构发生深度变化[EB/OL]. 经济参考报. http：//jjckb.
xinhuanet.com/2016-11/28/c_135862373.htm.

[33] 华泰证券. 2013. 沼气发电行业前瞻：垃圾填埋气发电市场极具发展潜力[EB/OL]. http：//
finance.qq.com/a/20130715/006743.htm

[34] 胡启春，汤晓乐，王文国，等. 2015. 典型村庄规模沼气集中供气站运行情况调查分析[J]. 中
国沼气，33（6）：63-67.

[35] 黄勇波，巩婉峰，等. 2005. 缓解夏季城市热岛效应的数值模拟研究[J]. 钢铁技术，（6）.

[36] 绿色低碳发展基金会，北京大学深圳研究生院. 2016. 深圳碳减排路径研究[R].

[37] 落基山研究所. 2016. 建充电桩究竟要花多少钱？充电基础设施成本大起底[EB/OL].
https：//tieba.baidu.com/p/3035728100？red_tag=0409399380.

[38] 美国可持续发展社区协会（ISC）. 2015. 低碳工业园区发展指南[R].

[39] 美国可持续发展社区协会，上海环球可持续研究中心，湖南联创低碳经济发展中心. 2017.

长沙市温室气体排放达峰研究[R].

[40] 美国劳伦斯伯克利国家实验室. 2016. Best Cities：城市低碳发展政策选择工具的 72 项政策建议[EB/OL]. https：//max.book118.com/html/2017/0315/95451038.shtm.

[41] 美国能效经理事会，全球建筑最佳实践联盟. 2012. 中国建筑节能政策[EB/OL]. https：//max.book118.com/html/2017/0313/95215378.shtm.

[42] 农业部. 2011. 农业部关于进一步加强农业和农村节能减排工作的意见[EB/OL]. http：//jiuban.moa.gov.cn/zwllm/zcfg/nybgz/201112/t20111214_2435273.htm.

[43] 澎湃新闻. 2017. 对中国城市快速公交 BRT 发展的反思与建议[EB/OL]. http：//www.thepaper.cn/newsDetail_forward_1606479.

[44] 清华大学建筑节能研究中心. 2011. 中国建筑节能年度发展研究报告 2011[M]. 北京：中国建筑工业出版社.

[45] 清华大学建筑节能研究中心. 2012. 中国建筑节能年度发展研究报告 2012[M]. 北京：中国建筑工业出版社.

[46] 清华大学建筑节能研究中心. 2013. 中国建筑节能年度发展研究报告 2013[M]. 北京：中国建筑工业出版社.

[47] 清华大学建筑节能研究中心. 2014. 中国建筑节能年度发展研究报告 2014[M]. 北京：中国建筑工业出版社.

[48] 清华大学建筑节能研究中心. 2015. 中国建筑节能年度发展研究报告 2015[M]. 北京：中国建筑工业出版社.

[49] 清华大学建筑节能研究中心. 2016. 中国建筑节能年度发展研究报告 2016[M]. 北京：中国建筑工业出版社.

[50] 清华大学建筑节能研究中心. 2017. 中国建筑节能年度发展研究报告 2017[M]. 北京：中国建筑工业出版社.

[51] 清华大学建筑节能研究中心. 2014. 长江流域城镇住宅采暖适宜性技术体系研究[R]. 能源基金会资助研究报告.

[52] 人民日报. 2017. 经济增长和能源消费相关性正逐渐脱钩[EB/OL]. http：//www. 100ppi.

com/-info/detail-20170703-81900.html.

[53] 人民网. 2014. 2020 年全国核电装机容量达到 5 800 万千瓦[EB/OL]. http：//energy. people.com.cn/n/2014/1119/c71661-26055318.html.

[54] 人民网. 2014. 长江咸潮入侵历时 19 天，超历史纪录[EB/OL]. http：//sh.people.com.cn/n/ 2014/0223/c134768-20626725.html.

[55] 上海经信委. 2016. 上海去年合同能源管理节能量达到 4 万吨标煤[EB/OL]. http： //www.tanpaifang.com/jienengliangjiaoyi/2016/04/1352147.html.

[56] 世界银行. 2012. 中国可持续性低碳城市发展[R].

[57] 世界资源研究所. 2013. 中国城市温室气体核算工具指南（测试版 1.0）[R].

[58] 世界资源研究所. 2015. 城市温室气体核算工具 2.0 更新说明[R].

[59] 世界资源研究所，浙江省应对气候变化和低碳发展合作中心. 2015. 城市温室气体清单编制与应用的国内外经验[R].

[60] 孙维，余卓君，廖翠萍. 2016. 广州市碳排放达峰值分析[J]. 新能源进展，4（3）：248.

[61] 孙振. 2016-06-27. 安庆新能源汽车充电设施 PPP 项目落地.人民日报. http://sn.people. com.cn/n2/ 2016/0627/c190199-28569905.html.

[62] 搜狐网. 2016. 乌海开标光伏领跑者收官：低价竞争已成血海，明年竞争拼什么？[EB/OL]. http：//www.sohu.com/a/117561489_157504.

[63] 新华网. 2017. 研究：2022 年电动车成本或与传统汽车差不多[EB/OL]. http：// finance.sina.com.cn/roll/2017-07-15/doc-ifyiaewh9222314.shtml.

[64] 燕赵都市网. 2014. 投 6.5 亿元 2017 年河北农村实现清洁能源 9 成替代[EB/OL]. http：// news.hbfzb.com/2014/hebeiyaowen_0904/64106.html.

[65] 浙江省应对气候变化和低碳发展合作中心，世界资源研究所. 2015. "量身定碳" [EB/OL]. http：//www.wri.org.cn/node/41328.

[66] 支国瑞，杨俊超，张涛，等. 2015. 中国北方农村生活燃煤情况调查、排放估算及政策启示[J]. 环境科学研究，28（8）：1179-1181.

[67] 住房和城乡建设部科技发展促进中心，北京大学城市规划设计中心. 2012. 中国绿色建筑

技术经济成本效益分析研究报告[R].

[68] 中国达峰先锋城市联盟. 2017. 城市达峰指导手册[R].

[69] 中国发展改革委应对气候变化司. 2011. 省级温室气体清单编制指南（试行）[R].

[70] 中国环境与发展国际合作委员会. 2011. 中国低碳工业化战略研究总结报告[R].

[71] 中国经济周刊. 2016. 全国 30 个海绵城市试点，19 城今年出现内涝[EB/OL]. http：//www.
      ceweekly.cn/2016/0905/163283.shtml.

[72] 中国经营报. 2015. 全国超 5000 公里有轨电车规划引发改委官员担忧[EB/OL]. http://www.
      cb.com.cn/economy/2015_0627/1140341.html.

[73] 中国能源报. 2016. "十三五"分布式项目天然气消费量将达 65 亿方[EB/OL]. http：//paper.
      people.com.cn/zgnyb/html/2016-05/23/content_1682642.htm.

[74] 中国能源报. 2017. 清洁能源供暖应为治霾主攻方向[EB/OL]. http：//paper.people.com.
      cn/zgnyb/html/2017-03/27/content_1761910.htm.

[75] 中国新闻网. 2017. 北京市 2017 年"煤改气"工程全面启动[EB/OL]. http：//www.china-
      nengyuan.com/news/106754.html.

[76] 中国中小企业发展促进中心. 2013. 工业中小企业能源审计政策建议报告[EB/OL]. http：//
      www.efchina.org/Attachments/Report/reports-20131211-zh/reports-20131211-zh.

[77] Brandon Owens. 2014. The Rise of Distributed Power[EB/OL]. https://www.ge.com/sites/default/
      files/2014%2002%20Rise%20of%20Distributed%20Power.pdf.

[78] BP. 2017-07-05. BP 世界能源统计年鉴（2017 版）[EB/OL]. http：//www.bp.com/zh_cn/china/
      reports-and-publications/_bp_2017-_.html.

[79] Carbon Neutral Cities Alliance. 2016. Framework for Long-Term Deep Carbon Reduction
      Planning [R].

[80] Choudhary，Sonika et al. 2013. Evaluating the Greenhouse Gas Performance of Combined Heat
      and Power Systems：A Summary for Californian Policymakers. CRRI - 26th Annual Western
      Conference[R].

[81] European Comission. 2013. Building a Green Infrastructure for Europe Environment Infrastructure

[EB/OL]. http：//ec. eur-opa.eu/environment/nature/ecosystems/docs/green_ infrastructure_broc.pdf.

[82] EY. 2016. 全球建筑业发展趋势. https：//max.book118.com/html/2017/0322/96371076.shtm.

[83] Federal Ministry for the Environment，Nature Conservation，Building and Nuclear Safety. 2014-07. GreenTech made in Germany 4.0Environmental Technology Atlas for Germany[EB/OL]. http：//www. greentech-made-in-germany.de/fileadmin/user_upload/greentech_atlas_4_0_en_bf.pdf.

[84] Gouldson A，Colenbrander S，Sudmant A，et al. 2015. Accelerating Low-Carbon Development in the World's Cities. Contributing paper for Seizing the Global Opportunity：Partnerships for Better Growth and a Better Climate[EB/OL]. New Climate Economy，London and Washington，DC. http：//newclimateeconomy.report/misc/working-papers.

[85] Homi Kharas. 2017. The Unprecedented Expansionof the Global Middle Class[R]. Global Economy & Development Working Paper[R] 100. Brookings.

[86] IPCC. 2006. 2006 IPCC Guidelines for National Greenhouse Gas Inventories[R].

[87] Karna Dahal，Jari Niemelä . 2017. Cities' Greenhouse Gas Accounting Methods a study of Helsinki，Stockholm and Copenhagen[J]. Climate. 5：31.

[88] NASA. 2014-12-30. NASA Finds Good News on Forests and Carbon Dioxide[EB/OL]. https：//www. nasa.gov/jpl/nasa-finds-good-news-on-forests-and-carbon-dioxide.

[89] NYC Mayor's Office. 2013. New York City's Pathways to Deep Carbon Reductions[R].

[90] PwC. 2017. Delivering the Sustainable Development Goals：Seizing the Opportunity in Global Manufacturing[R].

[91] San Francisco Department of the Environment. 2013. San Francisco Climate Action Strategy （2013 update）[R].

[92] Senate Department for Urban Development and the Environment. 2015. Climate-Neutral Berlin 2050[R]. Results of a Feasibility Study.

[93] The City of Copenhagen. 2009. CHP 2025 Climate Plan[R].

[94] The City of New York.2010. Inventory of New York Ciry Greenhouse Gas Emissions 2010[R].

[95] The City of New York.2012. Inventory of New York Ciry Greenhouse Gas Emissions 2012[R].

[96] The City of Portland, Multnomah County. 2015. Climate Action Plan: Local Strategies to Address Climate Change[R].

[97] The City of Melbourne. 2014. Melbourne Zero Net Emissions by 2020（Update 2014）[R].

[98] The City of Seattle Office of Sustainability and Environment. 2011. Getting to Zero: A Pathway to a Carbon Neutral Seattle[R].

[99] The City of Stockholm. 2014. Roadmap for a fossil fuel-free Stockholm 2050[R].

[100] The City of Vancouver. 2015. Renewable City Strategy（2015—2050）[R].

[101] US-EPA. 2017. Green Infrastructure[EB/OL]. https: //search.epa.gov/epasearch/epasearch? querytext=green+infrastructure&areaname=&areacontacts=&areasearchurl=&typeofsearch=epa &result_templat=2col.ftl.

[102] World Resources Institute, C40 Cities, ICLEI. 2014. Global Protocol for Community-Scale Greenhouse Gas Emission Inventory: An Accounting and Reporting Standard for Cities[R].

[103] World Resources Institute, C40 Cities, ICLEI. 2014. Global Protocol for Community-Scale Greenhouse Gas Emission Inventory: An Accounting and Reporting Standard for Cities[R].

[104] Yong Yang, Xiang Zheng. 2010. Analysis on Landfill Gas Recovery from Municipal Solid Waste in China [J]. The Second China Energy Scientist Forum.

[105] Yuli Shan, Dabo Guan, Jianghua Liu, et al. 2017. Methodology and Applications of City Level CO_2 Emission Accounts in China[J]. Journal of Cleaner Production, 161: 1215-1225.

附录 1　省级电网平均 CO_2 排放因子（2012 年）

地区	省级电网 CO_2 排放/[kg CO_2/（kW·h）]	
	2011 年	2012 年
北京	0.829 2	0.775 7
天津	0.873 3	0.891 7
河北	0.914 8	0.898 1
山西	0.879 8	0.848 8
内蒙古	0.850 3	0.929 2
山东	0.923 6	0.887 8
辽宁	0.835 7	0.775 3
吉林	0.678 7	0.721 4
黑龙江	0.815 8	0.797
上海	0.793 4	0.624 1
江苏	0.735 6	0.749 8
浙江	0.682 2	0.664 7
安徽	0.791 3	0.809 2
福建	0.543 9	0.551 4
江西	0.763 5	0.633 6
河南	0.844 4	0.806 3
湖北	0.371 7	0.352 6
湖南	0.552 3	0.516 6
重庆	0.629 4	0.574 4
四川	0.289 1	0.247 5
广东	0.637 9	0.591 2

地区	省级电网 CO_2 排放/[kg CO_2/（kW·h）]	
	2011 年	2012 年
广西	0.482 1	0.494 8
贵州	0.655 6	0.494 9
云南	0.415 0	0.306 3
海南	0.646 3	0.685 5
陕西	0.869 6	0.769 0
甘肃	0.612 4	0.572 9
青海	0.226 3	0.232 3
宁夏	0.818 4	0.778 9
新疆	0.763 6	0.789 8

附录 2　低碳措施清单表

在 ISC 出版的《低碳园区发展指南》（1.0 版）基础上，分别从规划布局与土地利用、能源利用与温室气体控制、循环经济与环境保护、低碳管理与保障机制 4 个层面和管理机制、技术支撑、金融支持 3 个方向，提出 60 项低碳发展措施清单。

低碳措施清单

	管理机制	技术支撑	金融支持
A 规划布局与土地利用	A1 产业结构调整，增加研发商住用地供应 A2 低碳基础设施用地	A3 低碳产业/新能源应用规划 A4 适应气候变化规划 A5 公交都市规划（包括慢行交通系统） A6 低碳园区/小镇/城市控制性规划 A7 海绵城市规划 A8 森林城市/垂直绿化城市规划	A9 产业开发基金

	管理机制	技术支撑	金融支持
B 能源利用与温室气体控制	B1 编制能源总量清单和温室气体排放清单，强化指标考核 B2-1 既有公共建筑改造标识公示与贴息奖励 B2-2 公共财政负担建筑强制节能改造 B3 新建建筑强制绿色达标。信息录入房产登记系统并作为副证发放 B4 高耗能企业公示制度和差别电价 B5 规上企业碳信息披露/碳交易/节能量交易审核机制 B6 全面推行规上企业清洁生产和能源管理 B7 共享单车公共管理 B8 货运车强制排放管理 B9 高峰公交车票价打折 B10 综合能源服务公司节能减税政策 B11-1 鼓励医疗、酒店、公共机构、园区和商务区分布式能源装机政策（3 000 元/kW 补贴） B11-2 分布式能源天然气量大优惠政策 B12 绿色碳积分账户 B13 公务车市政车公交车100%采购新能源车（含混合动力车） B14 可再生能源地方补贴长期化	B15 住宅产业化智能制造 B16 低碳沥青施工技术 B17 慢行交通地图 App B18 公交电气化改造（公交、环卫、出租车油改气、有轨电车） B19 快速公交（BRT 和轨交）网络化 B20 智慧交通信息系统 App（公交、租车、共享） B21 电动汽车充电拴市政设施标准化 B22 高储能微电网示范 B23 智能电网全网覆盖 B24 新能源车以租代售系统 B25 共享电动车网络 B26 海绵城市基础设施标准 B27 LED 市政照明 B28 垃圾沼气收集系统 B29 垃圾无害化分类焚烧发电 B30 燃煤锅炉/电厂改天然气/生物质 B31 推广多光/多能互补系统	B32 合同能源管理资产化 B33 政府与社会资本合作（PPP）支持低碳示范区基础设施建设 B34 绿色债券打捆项目 B35 新能源开发基金

	管理机制	技术支撑	金融支持
C 循环经 济与环 境保护	C1 制定并定期修订区域行业水耗和碳排标准 C2 固废循环利用信息平台	C3 低碳循环产业园生态链设计 C4 产品生命周期生态设计 C5 垃圾无害化分类收集系统 C6 工业废弃物资源化利用工厂及收集网络 C7 污水处理沼气回收资源化利用	C8 企业和园区循环化改造专项资金
D 低碳试 点管理 与保障 机制	D1 设立低碳领导和工作机构 D2 成立低碳公共服务云平台 D3 生态文明考核体制	D4 能源管理体系共享平台 D5 环境管理体系共享平台	D6 低碳城市发展基金 D7 低碳试点专项资金 D8 绿色气候金融项目库

附录3 达峰路线图模块化设计步骤检查清单

		完成
碳排清单模块	①量化基准	○
	②现状对标	○
	③找准短板	○
达峰情景模块	④排放趋势模拟	○
	⑤排放总量预测	○
	⑥路线图目标分解	○
达峰投资模块	⑦成本效益分析	○
	⑧重点项目碳经济性分析	○

致　谢

《城市碳排放达峰路线图及行动计划模块化设计指南》（以下简称《指南》）研究团队主要成员包括潘涛、曹晓静、耿宇等。感谢可持续发展社区协会（ISC）和上海环球可持续研究中心（ISEE）各位同事的大力支持和指导。在此特别向 ISC 国际项目副总裁 Brent Habig，ISC 中国首席代表曾磊，以及其他各位同事表示感谢。

在《指南》开发过程中，达峰研究各个领域的专家、学者和政府官员给予了大力协助并提供了宝贵意见。特别感谢湖南省发改委、长沙市政府、湘潭市政府、株洲市政府在积极开展低碳试点工作的同时，对本项研究的大力支持和帮助，感谢长沙、株洲、湘潭三市发改委的具体指导和协调。感谢项目合作伙伴湖南省联创低碳经济发展中心的全程参与和支持。

感谢国家应对气候变化战略研究和国际合作中心（NCSC）、中国达峰先锋城市联盟（Alliance of Peaking Pioneer Cities of China，APPC）、城市碳达峰国际合作平台（ISP-CEP）等机构和平台专家对《指南》编写提出宝贵意见。在《指南》编写中使用了世界资源研究所（WRI）等开发的 GPC 清单工具和美国劳伦斯伯克利实验室（LBNL）中国能源组开发的 GREAT 模型等，在此一并表示感谢。

感谢美国国际开发署（USAID）、能源基金会（EF China）对《指南》开发提供的重要资金支持，使得《指南》开发和出版成为可能。

资助机构